HÄDECKE

Die 12 besten Beeren

bestimmen, sammeln und zubereiten

Dr. Markus Strauß

NATUR & GENUSS

Danksagung

Ein herzliches Dankeschön an alle Menschen, die mich bei meiner Be-Rufung unterstützen, den essbaren Wildpflanzen wieder ihren angestammten Platz in unserer Alltagskultur zu verschaffen. Namentlich möchte ich hier Reina Hartung erwähnen. Meiner Assistentin Birgit Haas danke ich für ihre Recherche und Ergänzungen zum Anbau essbarer Wildpflanzen.

Hinweis

Die hier genannten Pflanzeninformationen wurden sorgfältig recherchiert und nach bestem Wissen und Gewissen wiedergegeben. Die Hinweise zu den Heilwirkungen der Pflanzen ersetzen aber in keinem Fall den Rat und die Hilfe eines kompetenten Arztes oder Heilpraktikers. Der Verlag und der Autor übernehmen keine Haftung für Schäden, die durch unsachgemäße Anwendung der dargestellten Behandlungs- und Zubereitungsmethoden oder durch falsche Nutzung der Wildpflanzen entstehen, und übernehmen auch keinerlei Verantwortung für medizinische Forderungen. Die Sammlung und Ernte der hier vorgestellten essbaren Pflanzenteile darf weder in Naturschutzgebieten noch am Rande stark befahrener Straßen erfolgen.

Impressum

4 3 2 | 2024 2023 2022 · ISBN 978-3-7750-0811-2

Redaktion & Lektorat: Julia Genazino

Bildnachweis: Alle Bilder Michael Brem, Leonberg mit Ausnahme der Seiten 16, links (Aronia Original Naturprodukte GmbH), 74, links (Beat Ernst, Basel) und alle weiteren iStock: 14 (Argument), 21 (sonsam), 34 (OK-Photography), 36, links (Tunat), 72 (issalina), 74, Mitte (kavunchik) und 74, rechts (ra3rn), Cover (pixabay/GoranH) und Autorenporträt (Maximilian Gall). Alle historischen Illustrationen: © Biolib, Kurt Stueber, Köln, bis auf Seite 20 (wikimedia.org) und Seite 59 (gfmer.ch)

Gestaltung, Grafiken und Satz: Julia Graff, Design & Produktion, Stuttgart (Florale Illustrationen nach Vorlage von www.idealhut.com, Icons unter Verwendung einer Grafik von vecteezy.com)

Gesetzt aus der Zag (Svetoslav Simov/Fontfabric) und Relato Sans (Eduardo Manso/Emtype Foundry)

Printed in Germany 2022 · Klimaneutraler Druck auf Materialien aus vorbildlich bewirtschafteten FSC®-Wäldern und anderen kontrollierten Quellen.

Klimaneutral Druckprodukt
ClimatePartner.com/11339-2010-1004

Abkürzungen und Mengenangaben

g – Gramm	**kg** – Kilogramm	**ml** – Milliliter = 0,001 Liter	**l** – Liter
TL – Teelöffel	**EL** – Esslöffel	**cm** – Zentimeter = 0,01 Meter	**m** – Meter
Pck – Päckchen	**°C** – Grad Celsius		

Die aufgeführten Rezepte sind, soweit nicht anders angegeben, für 4 Portionen berechnet. Bei den Löffelangaben handelt es sich um das gestrichene Maß.

Inhalt

Mahonie

Vorwort

Mit diesem fünften Band aus der Reihe „Natur & Genuss" lade ich Sie dazu ein, mit mir den spannenden Grenzbereich zwischen Wild- und Kulturpflanzen zu erkunden. Dass der Mensch aus Wildpflanzen neue Kulturformen züchtet, ist nicht etwa eine Erfindung der Neuzeit: Schon zu Beginn der Jungsteinzeit (in Mitteleuropa etwa 5800 Jahre v. Chr.), als Jäger und Sammler sesshaft wurden, ist die gezielte Vermehrung bestimmter Pflanzen bekannt. Die von Natur aus positiven Eigenschaften, wie besonders große, schmackhafte oder weniger stachelige Früchte einzelner Pflanzen, waren Kriterien für deren Vermehrung. So wurden einstige Wildpflanzen über Jahrhunderte hinweg durch gezielte „Auslese" zu Kulturpflanzen.

Dieses Buch will zeigen, wie man die vielfältigen Spielarten von Natur und Kultur, wissenschaftlich „Biodiversität" genannt, bei den hier vorgestellten Beerenpflanzen nutzen und genießen kann. Der Bogen ist weit gespannt: Während beispielsweise Wald-Erdbeeren ausschließlich in der Natur gesammelt werden, gibt es bei Brombeeren und Heidelbeeren sowohl die Wildsammlung als auch den Anbau gezüchteter Sorten. Im Fall von Himbeeren und Stachelbeeren ist der Erwerbsobstbau heute die einzig übliche Nutzungsform, nur noch kleinste Mengen werden im Wald gesammelt. Johannisbeeren und Stachelbeeren wurden dagegen in der Menschheitsgeschichte erst als Kulturpflanzen richtig genutzt; ihre Wildformen setzt man fast ausschließlich zur Züchtung ein.

So klein die Beeren meist sind – in ihnen sind oft ungemein spannende Geschichten verborgen. Die besonders frühe Nutzung von Wald-Erdbeeren etwa konnten Archäologen mit Funden aus steinzeitlichen Siedlungen belegen: Die hartschaligen „Nüsschen", die gut sichtbar auf der Außenhaut der Erdbeeren sitzen, sind unverdaubar und überlebten bis heute! Oder die Geschichte der Gojibeere: Der Strauch wächst als Bocksdorn schon seit Langem verwildert in Mitteleuropa, wurde hier jedoch über ein Jahrhundert als stark giftig verschmäht. Mit einem Mal kehren die Beeren als Goji vom anderen Ende der Welt zu uns zurück – als begehrtes „Superfood".

Essbare Wildpflanzen und die daraus entstandenen Nutzpflanzen machen ein uns kaum bewusstes Kapitel der Kulturgeschichte aus: Sie sind sogar die Basis für die Entwicklung unserer menschlichen Kultur! Vor diesem Hintergrund wird deutlich: Wir sind Hüter eines großen Erbes. Wir tragen die Verantwortung dafür, sowohl die essbaren Wildpflanzen samt ihrer natürlichen Lebensräume zu bewahren als auch die aus der Arbeit vieler Völker und Generationen entstandenen Kulturpflanzen zu schützen. Die Vielfalt der heutigen Pflanzensorten ist das Ergebnis eines schöpferischen Umgangs mit der Natur. Ein unersetzliches kulturelles Erbe der Menschheit, das heute durch die radikal globalisierte und nur auf Rendite ausgerichtete Agrarindustrie in Gefahr geraten ist. Viele alte Kulturpflanzen und Sorten sind vom Aussterben bedroht. Gentechnische Manipulationen am Erbgut einiger Hochleistungssorten mitsamt ihrer unkontrollierbaren Verbreitung bergen langfristig unkalkulierbare Risiken für nicht manipulierte Pflanzen der gleichen Art und für unsere Gesundheit. Die Patentierung ganzer Pflanzenarten und -sorten verhindert einen freien Zugang zum gemeinsamen Erbe der Kulturpflanzen und droht, unsere biologische Vielfalt zu zerstören.

Daher meine Bitte an Sie, liebe Naturfreunde und Leser: Setzen Sie sich mit mir für ein generelles Verbot der Gentechnik und damit verbundener Patentierungen ein. Zudem plädiere ich dafür, möglichst viele ökologisch angebaute Lebensmittel aus der jeweiligen Region zu beziehen, Wildpflanzen zu sammeln, einen Nutz- oder Naschgarten auch mit traditionellen Pflanzensorten zu gestalten – oder auch einmal bei Gemeinde oder Stadt anzuregen, statt Zierpflanzen einheimische essbare Kräuter, Obst und Gemüse in öffentlichen Anlagen zu pflanzen. Indem wir unsere direkte Beziehung zu den uns nährenden Pflanzen aufbauen und ausweiten, gewinnen wir ein Stück Unabhängigkeit, Freiheit und innere Stärke zurück!

In diesem Sinne wünsche ich Ihnen viel Kraft durch die Gaben der Natur.

Markus Strauß

Einführung

Beeren machen uns eine gesunde Ernährung ganz leicht, denn sie schmecken einfach köstlich. In den letzten Jahrzehnten ist der Verzehr von Beerenobst deutlich angestiegen, auch die Anbauflächen weiten sich aus. Neben den essbaren Wildpflanzen sind Beeren ein Paradebeispiel für besonders gesunde Lebensmittel: Sie leuchten aus dem Dickicht der vielen Ernährungslehren geradezu heraus. Was im Abschnitt „Sekundäre Pflanzenstoffe" (Seite 8) genauer zu erfahren ist, lässt sich auf einen einfachen Nenner bringen: Eine gute Ernährung ist bunt! Um die farbintensiven Vitalstoffe der Beeren voll auszukosten, isst man sie möglichst oft roh und „zerkocht" sie keinesfalls. Achten Sie auch auf die anderen jeweils verwendeten Zutaten, um den Gesundheitseffekt der farbenfrohen Kost nicht wieder ins Gegenteil zu verkehren. So benötigt man beispielsweise keine Unmengen von Zucker, um einen köstlichen Kuchen oder eine aromatische Fruchtsauce herzustellen.

Stachelbeere

Schon im dritten Band dieser Reihe („Köstliches von Hecken und Sträuchern") ging es überaus farbenprächtig zu: vom orange leuchtenden Sanddorn über rote Hagebutten bis zu violettschwarzen Holunderbeeren. Zum Thema „Wilde, grüne Kost" werden Sie fündig in Band 1 („Die 12 wichtigsten essbaren Wildpflanzen"), Band 4 („Köstliches aus Sumpf- und Wasserpflanzen") und Band 6 („Die 12 besten essbaren Pionierpflanzen"). Herzhaftes und Gehaltvolles bietet Band 2 („Köstliches von Waldbäumen").

Himbeere

Maulbeere

Für Beeren gilt im Besonderen, dass sie nach der Ernte nicht mehr nachreifen, wie wir das beispielsweise von Äpfeln oder Bananen kennen. Ihre wertvollsten Vitalstoffe, darunter auch die sekundären Pflanzenstoffe, entstehen erst in den letzten Tagen mit Erreichen der Vollreife. Aus Sicht der Pflanze ist das verständlich: Sie ist bestrebt, mit den Beeren ihre Samen zu verbreiten. Weil nur voll ausgereifte Samen ihren Fortbestand sichern, gibt sie erst im vollreifen Zustand das Signal an ihre Umwelt: „Esst mich auf!" Dann werden Fraßfreunde wie Vögel, Kleinsäuger und Schnecken von ihren Aroma- und Farbstoffen (sekundäre Pflanzenstoffe) angelockt – die ihre Samen nach der Verdauung weiterverbreiten. Deswegen sollten auch wir mit der Ernte der Beeren bis zur Vollreife abwarten! Dann sind die Früchte besonders saftig, weich, kaum haltbar und nicht immer leicht zu transportieren. Das stellt die Erzeuger vor ein großes Problem und macht eine verfrühte Ernte unumgänglich, um die Beeren besser vermarkten zu können. Dies spricht eindeutig für die Wildsammlung und den Anbau im eigenen Garten. Zudem empfiehlt sich gerade bei Beeren der Kauf beim Bauern aus der Region oder der Besuch von Selbstpflücker-Feldern.

Die Vitalstoffe in den Beeren

Viele essbare Wildpflanzen sind bis heute auf ihren genauen Gehalt an Vitaminen, Mineralstoffen, Spurenelementen und sekundären Pflanzenstoffen nur lückenhaft oder gar nicht untersucht. In den veröffentlichten Tabellen über kultivierte Beerenarten wird wiederum nicht angegeben, an welchen Standorten die Proben entnommen wurden, wie der Reifezustand der Beeren und der Vitalitätszustand der Pflanze war, was für eine Witterung vorherrschte und so weiter. Bei den Kulturpflanzen schwanken die Werte zusätzlich noch von Sorte zu Sorte. Da all diese Faktoren jedoch einen großen Einfluss auf die jeweilige Konzentration von Vitalstoffen ausüben, wäre eine Bandbreite der Zahlen (von/bis) weitaus sinnvoller. Gerade Wildpflanzen sind keine genormten Industrieprodukte – daher können „genaue" Zahlen nur eine Scheingenauigkeit wiedergeben. Das gilt auch für die auf der hinteren Innenseite des Umschlags aufgeführten Tabellen. Was diese Zahlen jedoch können, ist eine deutliche Tendenz aufzuzeigen.

Sekundäre Pflanzenstoffe

Einige Beeren werden uns heute als „Powerfood" oder „Superfood" angeboten, wobei auf den jeweils hohen Gehalt an Anthozyanen, Flavonoiden und anderen sekundären Pflanzenstoffen hingewiesen wird, die besonders interessant durch ihren antioxidativen Effekt sind. Noch unlängst als „sekundär" im Sinne von nachrangig und weniger bedeutsam abgetan, bewerten das heute nicht nur naturheilkundlich orientierte Ärzte und Heilpraktiker anders. Auch in der Forschung rückt die medizinische Bedeutung dieser Stoffe immer stärker in den Vordergrund. Allerdings ist die Thematik sehr komplex, da es Tausende verschiedener sekundärer Pflanzenstoffe gibt, die zudem oft in Wechselwirkung miteinander stehen. Deswegen lässt sich mit der Untersuchung einzelner, isolierter Stoffe deren Wirkung nicht direkt nachweisen – und daher gilt diese offiziell nicht als sicher, sondern nur als wahrscheinlich. Veröffentlichungen des Deutschen Krebsforschungszentrums (DKFZ) in Heidelberg bestätigen jedoch, dass sekundäre Pflanzenstoffe vielfältige krebspräventive Eigenschaften besitzen (Literatur siehe Seite 96). Die ebenfalls in Heidelberg ansässige Gesellschaft für biologische Krebsabwehr (GfBK) empfiehlt in ihren Veröffentlichungen ausdrücklich den Verzehr von Lebensmitteln mit einem hohen Gehalt an antioxidativ wirksamen Vitaminen (A, C, E) sowie an sekundären Pflanzenstoffen wie Flavonoide, Betacarotin, Phytohormone und Saponine.

Zu den sekundären Pflanzenstoffen gehört die Gruppe der Polyphenole, zu denen wiederum Flavonoide wie Anthozyane, Prozyanidine und Flavone sowie Carotinoide zählen. Allesamt sichtbare Farbstoffe, die mehr oder weniger in allen Gemüse- und Obstarten enthalten sind. Mit ihren intensiven Farben besitzen Beerenfrüchte ein besonders hohes Maß dieser überaus gesunden Verbindungen. Anthozyane kommen sichtbar in Blüten und Früchten mit einer roten, blauen, violetten oder schwarzen Färbung vor. Flavone sind in gelben Pflanzenteilen und Früchten zu finden, Carotinoide zeigen sich in Gelb, Orange und Rot. Die Pflanze braucht diese Farbstoffe zur Fortpflanzung: Intensive Farben locken bestäubende Insekten an und Tiere, welche die Früchte mitsamt den Samen fressen und so zur Verbreitung beitragen. Zudem schützt sich die Pflanze durch Anthozyane vor intensiver UV-Strahlung, schädlichen Klimaeinflüssen und den dadurch entstehenden instabilen Sauerstoffverbindungen, den sogenannten freien Radikalen. Diesen Schutz verleiben wir uns sozusagen ein, wenn wir die Früchte essen. In unserem Stoffwechsel entstehen die aggressiven „freien

Brombeere

Rote Johannisbeere

Radikale" täglich aufs Neue und sind als Katalysatoren für unser Stoffwechselgeschehen unabdingbar. Ein gesunder, gut ernährter Organismus verfügt über genügend Antioxidanzien (sogenannte Radikalfänger), um diese freien Radikale unschädlich zu machen. Gefährlich wird es erst, wenn deren Zahl durch eine ungesunde Lebensweise, mangelhafte Ernährung, bestimmte Medikamente, Stress, übertriebene sportliche Aktivitäten oder durch äußere Einflüsse wie Umweltgifte und Strahlung überhandnimmt. Dann können freie Radikale unsere Gesundheit massiv schädigen: Sie verursachen zerstörerische Kettenreaktionen im Zellgewebe, greifen Zellmembranen an und können sogar das Erbgut der Zellen schädigen. Laut aktueller Forschung und Langzeitstudien beugen Polyphenole in der Ernährung folgenden Krankheiten vor: Herz-, Kreislauf- und Krebserkrankungen, Spätfolgen des Diabetes mellitus, Arteriosklerose, Entzündungen der Magenschleimhaut und des Darmes sowie Alzheimer. Zudem wirken sie blutdrucksenkend und entzündungshemmend, fördern die Gefäßregeneration und stärken das Immunsystem, einige von ihnen sind sogar antibakteriell oder antiviral. Die sekundären Pflanzenstoffe dienen uns auch zur Wiederherstellung einer stabilen Gesamtkonstitution, beispielsweise nach einer überstandenen Erkrankung oder in stressigen Zeiten.

Gehalt an Anthozyanen von verschiedenen Früchten

Frucht	Werte in mg / 100 g Früchte
Aroniabeeren	800
Süßkirschen	180
Heidelbeeren	165
blaue Weintrauben	165
Brombeeren	160
Himbeeren	40
Erdbeeren	30

Quelle: Gerhäuser, 2001 (siehe Literaturangaben Seite 96).

Praktische Hinweise

Schraubdeckelgläser/Flaschen sterilisieren und lagern

Um verarbeitetes Wildobst längere Zeit aufzubewahren, können Sie es in Schraubdeckelgläser oder Flaschen abfüllen. Dazu werden die Behälter zunächst gründlich gespült. Dann sterilisieren Sie die Gläser und Deckel für mindestens zehn Minuten in einem Topf mit kochendem Wasser. Die beste Haltbarkeit erreicht man, wenn die Gläser beim Befüllen mit der heißen Fruchtmasse selbst auch noch heiß sind. Sie können nach dem Auskochen mit einer Spaghettizange oder Kochhandschuhen und Kochlöffel aus dem Topf geholt werden. Die Gläser kühl und dunkel lagern.

Süße

Neben unbehandeltem Rohrohzucker eignen sich zum Kochen und Backen auch Apfel- oder Birnendicksäfte aus heimischer Produktion. Sie haben gegenüber importiertem Agavendicksaft den Vorteil, dass sie häufig aus den auf Hochstamm-Streuobstwiesen gewachsenen Früchten gewonnen werden, die zum Erhalt wertvoller Biotope unserer traditionellen Kulturlandschaft beitragen. Die Süße des Birnendicksaftes ist eher neutral, während Apfeldicksaft eine leichte fruchtige Säure mitbringt.

Gelierprobe

Dieser schnelle Test verrät, ob Marmelade und Gelee die richtige Konsistenz besitzen. Geben Sie dazu einfach etwas von der kochenden Fruchtmasse auf einen kühlen Teller: Wird die Masse fest, ist die Marmelade/das Gelee fertig.

Trocknen von Pflanzenteilen

Blätter, Blüten und (je nach Größe zerteilte) Früchte können zur Lagerung getrocknet werden. Dabei bleiben alle Nähr- und Vitalstoffe erhalten. Man muss jedoch darauf achten, dass die Temperatur beim Trocknen 40 °C nicht übersteigt. Am einfachsten und effektivsten ist ein Dörrgerät mit Temperaturregler. Kräuter werden darin bei 40 °C in drei bis sieben Stunden (abhängig vom Wassergehalt der Blätter) getrocknet. Für Apfelringe muss das Gerät bei dieser niedrigen Temperatur über Nacht laufen. Es geht aber auch bei geringster Wärmezufuhr im Backofen: Dazu einen Kochlöffel in die Klappe des Backofens stecken, damit die Feuchtigkeit entweichen kann. Hier dauert der Vorgang bei Früchten etwa drei Stunden, bei Blüten und Blättern entsprechend kürzer. Sie können die Pflanzenteile auch auf einen luftdurchlässigen Rost legen und diesen in die Nähe eines Heizofens stellen. Dazu sollten die Temperaturen aber möglichst konstant bleiben und keinesfalls 40 °C übersteigen. Am einfachsten ist es, Blüten und Blätter – je nach Jahreszeit – an einem luftigen, trockenen, schattigen Platz auf Papier oder Karton auszubreiten. Viele sind auch dazu geeignet, um sie büschelweise aufzuhängen. Immer gilt: Wenn Blätter oder Blüten bei Berührung rascheln, sind sie trocken. Blätter lassen sich durch vorsichtiges Reiben („Rebeln") grob zerkleinern und von den Stängeln lösen. Die getrockneten Pflanzenteile werden kühl, trocken, dunkel und gut verschlossen in beschrifteten Schraubdeckelgläsern gelagert und sind auf diese Weise bis zu einem Jahr haltbar. Auch Teedosen eignen sich als Behalter.

Reines Wasser

In vielen Rezepten verwende ich reines Wasser. Damit ist stilles Wasser gemeint, das entweder sauberes Quellwasser sein kann oder gereinigtes Leitungswasser (z. B. durch Umkehrosmose). Reines Wasser zeichnet sich dadurch aus, dass es einen geringen Mineralstoffgehalt aufweist – also nicht hart ist – und einen niedrigen Leitungswert besitzt.*

---

* Weitere Informationen zu diesem Thema und warum reines Wasser wichtig für unsere Gesundheit ist, können Sie dem Buch „Trinkwasser & Säure-Basen-Balance" entnehmen, das der Autor zusammen mit Dr. Hilmar Burggrabe bei NaturaViva verfasst hat (ISBN 978-3-935407-05-2).

Aronia

Aronia melanocarpa

Porträt

Die Aronia stammt, wie viele unserer Obstarten, aus der Familie der Rosengewächse (*Rosaceae*). Hierzulande wird sie auch gern Apfelbeere genannt, unter Botanikern heißt sie Schwarzfrüchtige oder Kahle Apfelbeere. Der allgemein verwendete Begriff „Beere" passt gut zu den kleinen, violettschwarzen Früchten. Aus botanischer Sicht ist das jedoch falsch: Aronien enthalten mehrere kleine Samen, und ihr Fruchtfleisch ist fest. Daher gehören sie wie Äpfel und Birnen offiziell zum Kernobst. Noch in den 1990er-Jahren war die Aronia in Mitteleuropa weitgehend unbekannt. Nur einige Lebensmitteltechniker wussten von dem Beerensaft als Farbstoff mit positiven Eigenschaften. Erst in den letzten Jahren hat sie sich rasant zur „Trendbeere" entwickelt: Saft, getrocknete Früchte und Konfitüren aus Aronia stehen heute dicht gedrängt in den Regalen von Reformhäusern und Naturkostläden – sogar im Discounter sind die Produkte mittlerweile zu finden. Dass die Prominenz dieser Beere so lange auf sich warten ließ, ist umso erstaunlicher, als der Aroniastrauch ein zuverlässig frosthartes Gewächs ist und auch bei uns bestens gedeiht. Die Wildform stammt aus dem östlichen Nordamerika. Schon in der Kultur der indianischen Urbevölkerung besaß sie als Nahrungspflanze einen festen Platz, auch die gesundheitlichen Wirkungen der dunklen Beeren waren den Indianern bereits bekannt. In der ehemaligen Sowjetunion begann die „zweite" Karriere der Aronia: In den 1930er-Jahren legten russische Botaniker zunächst Versuchsfelder an, bis sie 1946 zur Kulturpflanze und in den 1970er-Jahren zur Heilpflanze erklärt wurde. Auch in anderen Staaten des früheren Ostblocks wurde der Strauch großflächig angebaut (Polen, Ukraine und in der ehemaligen DDR). Bei Dresden ist heute mit rund 40 Hektar die größte Aronia-Plantage Westeuropas. Auch in vielen Privatgärten ist die Aronia mittlerweile bei uns angekommen.

Wuchs und Aussehen Die Wildobstart *Aronia melanocarpa* wird bis zu 2 m hoch. Im Alter ist der kleine Strauch oft breiter als hoch, er verjüngt sich ständig durch neue Triebe aus dem Wurzelstock. Diese erscheinen zunächst straff aufrecht, hängen später jedoch auch ohne Beeren leicht über. Die ledrigen Blätter sind eiförmig mit fein gesägtem Blattrand; sie sind wechselständig angeordnet. Das einzelne Blatt wird 2–5,5 cm lang, ist auf der Oberseite glänzend grün und auf der Unterseite hellgrün. Im Herbst färbt sich das Blattwerk auffällig rot (siehe „Anbau im Garten" auf Seite 15). Die Blüten erscheinen nach dem Laubaustrieb im Mai. Sie erstrahlen reinweiß mit auffällig rosaroten Staubbeuteln. Dabei stehen 15–20, mitunter bis zu 30 der etwa 1 cm großen Einzelblüten in Schirmrispen zusammen. Die Blüten der Aronia sind selbstbefruchtend, dennoch besuchen Insekten die Blüten gerne und bestäuben sie dabei. Aus den Blüten entwickeln sich rundliche, erbsengroße Früchte, die zuerst grünlich, dann rot und schließlich violettschwarz gefärbt sind. Die Beeren sind zu Beginn der Reife von einer weißlichen Wachsschicht bedeckt, zur Erntezeit ab Ende August sehen sie aus wie schwarz lackiert. Sie enthalten weder Steinzellen wie Birnen noch ein Kerngehäuse wie Äpfel: Die kleinen Samen sind ins Fruchtfleisch eingebettet.

Typisch: *Vom Frühjahr bis zum Herbst gibt es bei der Aronia etwas zu entdecken: zuerst die weiße Blüte mit den markanten, rosaroten Staubbeuteln und später die violettschwarz „lackierten" Früchte und das welthin leuchtende Rot des Herbstlaubes.*

Charakteristische Inhaltsstoffe und Heilwirkungen Aroniabeeren enthalten die Vitamine C, E, K und verschiedene B-Vitamine sowie Kalzium, Kalium, Magnesium, Eisen, Folsäure und Jod. Ihre herausragende und einzigartige Bedeutung als Heilpflanze kommt jedoch daher, dass sie im Vergleich mit anderen Früchten mit Abstand die höchsten Konzentrationen an antioxidativ wirksamen Anthozyanen und Prozyanidinen bietet! So enthalten 100 g Aroniabeeren ungefähr 800 mg Anthozyane – und damit fast fünfmal mehr als die dafür bekannten Heidelbeeren (siehe Tabelle in der hinteren Umschlaginnenseite). Die Prozyanidine sind für den etwas herben, adstringierenden (zusammenziehenden) Geschmack der Beeren verantwortlich. Ihre Konzentration ist in der Maische, den Kernen, Schalen und dem Trester höher als im Aroniasaft. Der getrocknete Trester wird im Handel auch als Aroniatee angeboten (Zubereitung auf Seite 18).

Aktuelle in-vitro-Studien (2020) legen nahe, dass die Prozyanidine in Aroniabeeren auch eine sehr gute antivirale Wirksamkeit haben und man daraus schließen darf, dass u.a. der Gebrauch von Aronia-Saft als Gurgel-Schluck-Lösung in der Lage ist, das Risiko einer Ansteckung mit Viren deutlich zu vermindern und ganz allgemein Erkältungs- und Grippewellen vorzubeugen.
Die indianische Urbevölkerung bereitete aus den zerstoßenen, getrockneten Früchten und aus den Blättern der Aronia heilkräftige Teeaufgüsse. Auch die Blätter enthalten einen hohen Anteil von Anthozyanen und haben daher eine ähnliche Wirkung wie die Früchte. Die Indianer verwendeten sie unter anderem bei Erkältungskrankheiten. Sie

nutzten die getrockneten Beeren auch als Zutat für den berühmten „Pemmikan“: eine zähe, lange haltbare Masse, die aus Dörrfleisch, Fett und getrockneten Beeren zubereitet wurde. Den Indianern diente der Pemmikan auf langen Reisen als energiereicher Proviant und als Winter- und Notvorrat.

Achtung: *In den Samen frischer Aroniabeeren befinden sich Spuren der giftigen Blausäure, wie bei vielen anderen Obstkernen auch (z.B. Kirschen, Felsenbirnen). Diese sind nur dann problematisch, wenn rohe Beeren in größeren Mengen verzehrt und die Kerne dabei zerbissen werden. Durch Erhitzen wird die Blausäure gänzlich unschädlich gemacht. Der Verzehr von normalen Mengen an frischen Beeren ist ebenfalls völlig unbedenklich.*

Vorkommen und Standortansprüche Das natürliche Verbreitungsgebiet des Aroniastrauchs liegt im östlichen Nordamerika. Hier wächst die Pflanze sowohl im Unterwuchs feuchter, lichter Wälder als auch auf trockeneren Standorten in Hecken, Gebüschen und auf Lichtungen. Da die Aronia aber weder Trockenheit noch Staunässe gut verträgt, besitzt der beste Standort eine gute Bodenfeuchte und einen durchlässigen, lockeren Erdboden. Der Strauch bevorzugt leicht saure und kalkarme Böden. Aronien gedeihen auch im lichten Halbschatten; besser geeignet für die Ausbildung vollreifer Beeren sind jedoch vollsonnige Standorte. Die Pflanzen sind sehr frostresistent (bis etwa -30 °C) und können in unseren Breiten bis auf Höhen von 1000 m angebaut werden. Die späte Blüte reduziert die Gefahr durch Spätfröste – sodass auch in Mittelgebirgslagen eine Ernte erwartet werden darf.

Erntetipps

Aroniabeeren können schon Ende August eine dunkle Färbung annehmen. Wichtig ist dennoch, nur vollreife Beeren zu ernten; sie schmecken am besten und besitzen einen optimalen Gehalt an gesunden Inhaltsstoffen. Für den richtigen Erntezeitpunkt eignet sich ein Reifetest: Ist die aufgeschnittene Beere innen noch hellrot? Dann besser noch etwas warten, bis das Fruchtfleisch durchgängig dunkelrot ist. Aroniabeeren sind auch bei allen Drosselarten sehr beliebt, daher niedrige Büsche mit Netzen abdecken.

Anbau im Garten Der Aroniastrauch ist Obstgehölz und Zierpflanze zugleich. Nach der Blüte im Mai bilden sich die begehrten Früchte. Im Herbst bringen die tiefroten Blätter den nordamerikanischen „Indian Summer" zu uns. Der Strauch ist sehr pflegeleicht und muss normalerweise nicht zurückgeschnitten werden. Da er nicht wuchert, ist er auch für kleine Gärten gut geeignet. Auch hübsche Hochstämmchen werden mittlerweile angeboten. Auf einem sonnigen Balkon kann Aronia zudem in einem mind. 40 cm hohen Topf wachsen. Die Topfpflanze regelmäßig gießen und von März bis August zwei Mal/Monat düngen. Dann wird man mit einer Balkon-Ernte von bis zu 1 kg belohnt. Die zuverlässig frostharte Aronia ist zudem kaum anfällig für Pflanzenkrankheiten oder Schädlinge. Zusammen mit anderen Wildobstarten eignet sie sich hervorragend für pflegeleichte und naturnah gestaltete Selbstversorgergarten. Die selbstbefruchtenden Blüten sorgen dort für stabile Erträge, die bei erwachsenen Pflanzen (ab dem fünften Standjahr) 10 kg pro Pflanze erreichen können (Sortenempfehlungen siehe Seite 90 ff.).

Verwendete Pflanzenteile und Erntezeit Die Ernte der Beeren erfolgt in Gebieten mit Weinbauklima ab Ende August, in kühleren Gebirgslagen erst im Oktober. Haupterntezeit ist September.

Beeren	Ende August bis Anfang Oktober

Rezepte

Aronia-Smoothie für den Winter Mit der Aronia zusammen machen Hagebuttenschalen, Brombeer- und Brennnesselblätter diesen Smoothie zum Powerdrink. Schalen und Blätter kann man selbst ernten und trocknen oder käuflich erwerben. Für ein Pulver zerstößt man sie in einem Mörser.

für 1 Portion · 15 g Aroniabeeren, getrocknet · 15 g Hagebuttenschalen, getrocknet oder Hagebuttenpulver · einige frische Brombeerblätter, fein gehackt oder 15 g Brennnesselblattpulver · 1 Apfel · 1 Banane

Alle Zutaten zusammen mit etwas reinem Wasser (ca. 100 ml) in einem leistungsstarken Mixer zu einem Smoothie verarbeiten.

Aronia-Fruchtsaucen

Klassische gekochte Variante
500 g frische Aroniabeeren · etwas reines Wasser · 1 ½ EL Speisestärke · Rohrohrzucker oder Apfeldicksaft, nach Geschmack · 1 EL Zitronensaft, frisch gepresst

Aroniabeeren waschen, verlesen und entstielen, mit dem Wasser zum Kochen bringen. Auf kleiner Flamme zugedeckt sanft köcheln lassen, bis die Schalen weich sind. Pürieren und mit der in wenig Wasser glattgerührten Speisestärke unter Rühren nochmals aufkochen lassen, bis die gewünschte Konsistenz erreicht ist. Süßen und mit Zitronensaft abschmecken.

Rohköstliche Variante
500 g frische Aroniabeeren · 1 Handvoll Rosinen oder Datteln, entsteint · 1–2 reife Bananen · 1 Zitrone, Saft · 250 ml reines Wasser

Aroniabeeren waschen, verlesen und entstielen. Alle Zutaten in einem leistungsstarken Mixer zu einer cremigen Sauce pürieren.

Rezept-Tipps: Fruchtsaucen schmecken heiß und kalt zu Grießbrei, Hefeklößen, Eis und anderen Süßspeisen. Anstelle von Speisestärke lassen sie sich auch gut mit Pektin oder Agar-Agar binden.

Grießbrei mit Aronia-Fruchtsauce

Fruchtaufstrich mit Aronia und Apfel

für ca. 1,8 kg · 800 g frische Aroniabeeren · 700 g Äpfel · 650 g Gelierzucker (2:1) aus Rohrohrzucker (Naturkost- und Reformwarenhandel) · Gewürznelken- und Ceylon-Zimtpulver · 1 Zitrone, Saft

Aroniabeeren waschen, verlesen und entstielen. Äpfel schälen, von Stielen und Kerngehäusen befreien und mit den Aronien zusammen pürieren. Mit Gelierzucker, Nelken-, Zimtpulver und Zitronensaft vermengen. Unter ständigem Rühren zum Kochen bringen. Nach vier Minuten Kochzeit eine Gelierprobe machen (siehe Seite 11). Den kochend heißen Fruchtaufstrich in sterilisierte Schraubdeckelgläser (siehe Seite 10) abfüllen. Fest verschließen und fünf Minuten umgedreht auf den Deckel stellen, dann in Normalposition auskühlen lassen.

Aroniakompott einmachen Sterilisierte und heiß ausgespülte Schraubdeckelgläser (siehe Seite 10) zu je zwei Dritteln mit frischen, verlesenen, gewaschenen und entstielten Aroniabeeren füllen. Auf 100 g Beeren 1 EL Rohrohrzucker (etwa 25 g) dazugeben. Die Gläser mit reinem Wasser auffüllen, dabei oben mindestens 2 cm frei lassen und fest verschrauben. Ein Geschirrtuch auf den Boden eines großen Topfs legen, die Gläser dicht an dicht mit kleinen Zwischenräumen daraufstellen. Den Topf mit Wasser füllen, sodass die Gläser zu zwei Dritteln im Wasser stehen. Mit fest verschlossenem Deckel langsam erhitzen und etwa 20 Minuten auf kleiner Flamme kochen lassen. Danach die Gläser im Wasserbad langsam auskühlen lassen.

Aroniasaft ohne Zucker Die gewaschenen, verlesenen und entstielten Aroniabeeren in einen Topf geben. Bis knapp zur Oberkante der Beeren mit Wasser auffüllen und unter Rühren bei niedriger Temperatur etwa zehn Minuten köcheln lassen, bis die Früchte weich sind. Die noch heißen Früchte durch eine Flotte Lotte, ein engmaschiges Küchensieb (aus Metall) oder durch ein Tuch passieren. Den Saft in sterilisierte Flaschen (siehe Seite 10) mit Schraubverschluss abfüllen, dabei oben etwa 2 cm frei lassen. Verschließen und nochmals für 20 Minuten im Wasserbad oder im Backofen bei 80–85 °C Grad erhitzen. Dieser Vorgang (Pasteurisieren) macht den Saft keimfrei und für mindestens ein Jahr haltbar. Aus 1 kg frischer Aroniabeeren kann man, je nach Qualität und Reifegrad, 650–800 ml Saft gewinnen.

Rezept-Tipps: Durch das Erhitzen gehen wertvolle Inhaltsstoffe wie Anthozyane und Prozyanidine nicht verloren, weil sie Temperaturen über 100 °C überstehen. Wenn Sie die Beeren vor dem Entsaften tiefgefrieren, mildert das den leicht herben Geschmack der Aronia, ähnlich wie bei Schlehen. Auch die Saftausbeute ist dann etwas größer.

Trester als Vitalpulver Bei der Saftherstellung (siehe oben) fällt Trester als „Abfallprodukt" an: In den Schalen und Kernen der Aronia sind jedoch besonders viele wertvolle Antioxidanzien enthalten – sogar mehr als im Saft! Der getrocknete und pulverisierte Trester wird im Handel als „Aroniatee" angeboten. Wer selbst entsaftet hat, gibt den Trester in einer dünnen Schicht auf ein mit Backpapier belegtes Backblech und lässt ihn bei Umluft etwa drei bis vier Stunden bei 70 °C trocknen. Auch ein Dörrapparat ist dazu geeignet. Den getrockneten Trester im Mörser oder Mixer zerkleinern und in Schraubdeckelgläsern aufbewahren: Er passt als wertvolle Beigabe zu Smoothies und Müslis.

Bocksdorn, Gojibeere

Lycium barbarum

Porträt

Die Früchte des Bocksdorns machen heute als Gojibeeren Karriere. Der bis zu 3 m hohe Strauch ist ein Nachtschattengewächs (*Solanaceae*) und damit eng mit Nutzpflanzen wie Kartoffeln, Tomaten oder Chilis verwandt. Gojibeeren sehen tatsächlich wie zu kurz geratene, rote Mini-Chilis aus, schmecken allerdings erfrischend süß-säuerlich. Bocksdorn wird hierzulande gerne als Zierhecke und Bodenbefestiger gepflanzt, er wächst verwildert in ganz Mitteleuropa. Bei uns wird die Pflanze auch „Wolfsbeere" oder „Teufelszwirn" genannt. Während die Gojibeere in westlichen Ländern erst in den letzten Jahren als „Superfood" entdeckt wurde, nimmt sie diesen Rang in Tibet und China schon seit Tausenden von Jahren ein. In der traditionellen chinesischen Medizin (TCM) gilt Goji neben Ginseng und Grünem Tee als *der* Schlüssel für Gesundheit, Lebensfreude, Leistungskraft und Vitalität bis ins hohe Alter. Bei den Tibetern werden die kleinen roten Beeren daher „Glücksbeeren" genannt.
Im deutschsprachigen Raum verlief die Entwicklung dagegen ganz anders: 1890 wurden die Beeren des Bocksdorns in einer Dissertation von einem Forscher der Universität Erlangen als stark giftig bewertet. Obwohl dies bereits ein Jahr später von einem anderen Wissenschaftler widerlegt wurde, hielt sich das Gerücht weit über einhundert Jahre! Bis heute kann man in manchen Pflanzenführern Hinweise zur Giftigkeit finden. Nach dieser „Rufschädigung" erfolgt die heutige Vermarktung der gesunden Beeren ausschließlich unter dem chinesischen Namen „Goji". Diverse Untersuchungen in Europa, den USA und Asien weisen eindeutig die Ungiftigkeit und Unbedenklichkeit der Gojibeeren nach (siehe „Charakteristische Inhaltsstoffe und Heilwirkungen").

Hinweis: In Untersuchungen von Gojibeeren wurden häufig hohe Pestizidrückstände festgestellt. Dabei werden teilweise belastete Gojibeeren aus Asien sogar als Bio-Produkte oder aus „Wildsammlung" gehandelt. Deshalb gilt es hier ganz besonders, auf rückstandskontrollierte Bio-Ware von verlässlichen Produzenten zu achten.

Wuchs und Aussehen Der Bocksdorn wächst als sommergrüner Strauch, ist im Winter also kahl. Frei stehend erreicht der wenig verzweigte, aus vielen bogig überhängenden Trieben bestehende Busch eine Höhe von 2–3 m. Finden die langen, dünnen, je nach Sorte mehr oder weniger bedornten Zweige beispielsweise in einer benachbarten Hecke Halt, erreichen die Pflanzen sogar Höhen von 4 m. Die Blätter sind 3–10 cm lang, graugrün und länglich-lanzettförmig. Der Blattrand ist glatt, mitunter leicht gewellt. Die gestielten Blüten erscheinen zwischen Juni und September; sie bestehen aus fünf Blütenblättern und lassen die Zugehörigkeit zu den Nachtschattengewächsen erkennen. Ihre violette Farbe variiert von kräftig-leuchtend bis hin zu blass oder gräulich. Die Beeren reifen nach und nach von August bis zum ersten Frost im Spätherbst. Gojibeeren werden 5–12 mm groß, sind länglich geformt und leuchtend orangerot gefärbt. Die Vermehrung erfolgt sowohl generativ über Samen (pro Frucht 20–50 Stück) als auch vegetativ durch Stockausschläge und Wurzelausläufer.

Typisch: Der Bocksdorn fällt durch seine langen, dünnen, bogig überhängenden Triebe auf. Seine Blätter sind graugrün; die Beeren erschienen in einem intensiven Orangerot.

Charakteristische Inhaltsstoffe und Heilwirkungen Inhaltsstoffe und Heilwirkungen von Gojibeeren sind heute Gegenstand weltweiter Untersuchungen. Ihre Wirksamkeit ist umstritten, wird jedoch durch zahlreiche Studien bestätigt. In den Beeren wurden besonders langkettige, einzigartige Kohlenhydrate gefunden (Lycium-Barbarum-Polysaccharide, kurz LBPs). Diese werden neben den vielen verschiedenen sekundären Pflanzenstoffen für die starke gesundheitserhaltende Anti-Aging-Wirkung verantwortlich gemacht. Bei den antioxidativ wirksamen Stoffen fällt ein sehr hoher Gehalt an einer vom menschlichen Körper verwertbaren Vorstufe des Vitamin C auf. Zudem wurden deutliche Mengen an B-Vitaminen, Carotinoiden und frei verfügbaren Aminosäuren festgestellt (Literatur, Seite 96). Gojibeeren werden in der Traditionellen Chinesischen Medizin (TCM) sehr geschätzt und vielfältig eingesetzt: Die Beeren sollen dem gesamten Organismus Energie zuführen, die allgemeine Leistungsfähigkeit, die Leberfunktion sowie das Blut- und Hautbild verbessern. Sie gelten als elementares Stärkungsmittel für Körper und Immunsystem. Indikationen in der TCM sind allgemeine Erschöpfung, Überanstrengung, Sehschwäche, Tinnitus, Schwindel, Bluthochdruck, Potenzstörungen, Unfruchtbarkeit, Nachtschweiß, Schwäche in Rücken und Knien, vorzeitiges Altern und Diabetes.

Achtung: *Das Bundesinstitut für Arzneimittel und Medizinprodukte warnt vor einer gefährlichen Wechselwirkung mit bestimmten „blutverdünnenden" (gerinnungshemmenden) Medikamenten: Dabei besteht ein erhöhtes Risiko für Blutungen.*

Vorkommen und Standortansprüche Der Bocksdorn ist in Zentralasien vor allem in der Mongolei und den nordöstlichen Provinzen Chinas heimisch und wird dort traditionell im Erwerbsobstbau kultiviert. Das Hauptanbaugebiet liegt in der autonomen chinesischen Provinz Ningxia. Als typisches Gehölz Zentralasiens ist der Strauch an das ausgeprägt kontinentale Klima mit trockenen, heißen Sommern und sehr kalten Wintern angepasst. Weil die Triebe bis zum Spätherbst wachsen und das junge Holz an den Triebspitzen dann noch nicht ausgereift ist, frieren die Zweige in strengeren Wintern zurück. Als Pioniergehölz ist der Bocksdorn jedoch sehr wuchsstark und schlägt im Frühjahr wieder kräftig aus. Auch was den Standort angeht, stellt die Steppenpflanze keine besonderen Ansprüche – außer voller Sonne. Von Natur aus gedeiht sie auf trockenen, sandig-lehmigen, auch steinigen Böden, die besser kalkhaltig oder neutral als sauer sind.

Erntetipps

Gojibeeren reifen nicht alle auf einmal, sondern von August bis in den Spätherbst hinein. Die reifen Früchte sind saftig und haben eine sehr dünne Haut, die leicht platzt, daher mit Fingerspitzengefühl ernten. Die Beeren sind nicht lange lagerfähig und möglichst rasch zu verarbeiten. Vitalstofferhaltend ist das Trocknen in einem Dörrapparat oder im Backofen bei maximal 42 °C und konstantem Luftzug (siehe Seite 11).

Anbau im Garten Bei den Wildpflanzen sind große Unterschiede in der Blühfreudigkeit und beim Fruchtansatz zu beobachten. Mit der Pflanzung guter Züchtungen ist man auf der sicheren Seite. Die Jungpflanzen am besten tief einsetzen und im ersten Jahr nach der Pflanzung stark zurückschneiden, damit sie sich gut verzweigen. Zwar ist die Goji Hitze und Trockenheit gewohnt und übersteht diese problemlos: Wer jedoch größere Mengen an Beeren in guter Qualität ernten möchte, sorgt dafür, dass die Pflanze immer aus dem Vollen schöpfen kann. Hilfreich ist eine maßvolle Bewässerung in heißen Sommern und eine schwach dosierte Düngung mit reifem Kompost (nicht zu viel, sonst droht Mehltau!). Da die Sträucher sehr wuchsstark sind, ist ein jährlicher Rückschnitt nach der Ernte oder im zeitigen Frühjahr zu empfehlen, dabei pro Pflanze nur fünf bis sechs Hauptzweige stehen lassen. Die Langtriebe möglichst nicht oder nur wenig einkürzen, da an den Spitzen die meisten Beeren erscheinen. Nur nach harten Wintern ist es sinnvoll, zurückgefrorene Triebe etwas einzukürzen. Die Vermehrung der Pflanzen durch Ausläufer und Samen im Auge behalten, damit sie sich nicht ungewollt ausbreiten (Sortenempfehlungen siehe Seite 90 ff.).

Verwendete Pflanzenteile und Erntezeit

Beeren	August bis Oktober

Rezepte

Getrocknete Gojibeeren für die hier vorgestellten Rezepte über Nacht in etwas reinem Wasser einweichen. Dieses dann trinken oder mitverwenden. Frische Beeren erst waschen.

Orangefarbener Goji-Smoothie

für 2 Gläser · 1 EL Gojibeeren, frisch oder getrocknet · 1 EL Hagebuttenschalen, getrocknet oder Hagebuttenpulver · 2 Orangen, Saft · reines Wasser nach Bedarf

Alle Zutaten in einem leistungsstarken Mixer etwa eine Minute pürieren, bis sich eine leuchtend orange Farbe entwickelt und keine festen Strukturen mehr zu erkennen sind.

Asiatischer Goji-Reis

1–2 EL Butter · 1 Zwiebel · 250 g Reis · etwa 700 ml Gemüsebrühe · 4 Knoblauchzehen · 2 EL Bratöl · 1 EL Sonnenblumenkerne · 1 EL Pinienkerne · 1 EL Mandeln, gehackt · 2 EL Gojibeeren, frisch oder getrocknet · 2 EL Rosinen oder Korinthen

Butter in einem Topf schmelzen und die geschälte, fein gewürfelte Zwiebel goldgelb anschwitzen. Reis dazugeben und kurz anbraten. Nach und nach die Gemüsebrühe dazugießen, dabei immer wieder umrühren. Auf kleiner Flamme den Reis nach Packungsangabe zugedeckt garen. Knoblauch schälen und in feine Scheiben schneiden. In einer Pfanne Bratöl erhitzen, Sonnenblumen-, Pinienkerne, Mandeln, Knoblauch, Gojibeeren und Rosinen leicht anrösten. Unter den gegarten Reis heben.

Salat mit Brokkoli und Gojibeeren

800 g Brokkoli · 1 rote Zwiebel · 1 Handvoll Sonnenblumenkerne · 1 EL natives Kokosöl · 100 g Gojibeeren, frisch oder getrocknet · 6 EL Olivenöl · 4 EL Balsamico · 2 TL Honig, nach Geschmack · Salz, Pfeffer

Brokkoli in mundgerechte Röschen teilen und waschen. In einem Dampfgarer oder in einem Dampfeinsatz schonend garen, bis er noch Biss hat. Zwiebel schälen, fein würfeln und mit Sonnenblumenkernen in einer Pfanne mit erhitztem Kokosöl anbraten. Zusammen mit Brokkoliröschen und Gojibeeren in eine Salatschüssel geben. Aus Öl, Essig, Honig, Salz und Pfeffer ein Dressing anrühren, unter den Salat heben und abgedeckt für mindestens zwei Stunden ziehen lassen. Vor dem Servieren nochmals durchmengen und abschmecken.

Goji-Hirse-Creme

100 g Gojibeeren, getrocknet · 50 g Hirse · 400 ml Milch oder reines Wasser · je ¼ TL Ceylon-Zimtpulver, gemahlenen Anis und Vanilleextrakt · Salz · 70 g Haselnüsse oder Mandeln, gemahlen · 200 ml Sahne/Rahm oder Sojasahne · 5 EL Ahornsirup

Gojibeeren über Nacht in einem Glas mit etwas reinem Wasser einweichen, sodass die Beeren bedeckt sind. Hirse in der Milch kurz aufkochen lassen. Mit Zimt, Anis, Vanille und Salz würzen und zugedeckt 20 Minuten sanft köcheln lassen. Haselnüsse unter die Hirse mengen und kühl stellen. Sahne steif schlagen, mit Ahornsirup vermischen und unter die abgekühlte Hirsemasse heben. Abgetropfte Gojibeeren unterheben und die Creme mit einigen zurückbehaltenen Beeren verzieren.

Asiatischer Goji-Reis (Seite 23)

Brombeere

Rubus sectio Rubus

Porträt

Der Name „Brombeere" lässt sich vom althochdeutschen „brame" herleiten, was „Dornenstrauch" bedeutet. „Rubus" geht auf das indogermanische „reub" zurück und wird mit „roh, struppig, sich reißen" übersetzt: ein Dornenstrauch, an dem man sich reißt. Dagegen werden heute im Handel auch viele stachellose Sorten angeboten. Unsere Vorfahren nutzten die wehrhafte „Kratzbeere" wie einen Stacheldraht. Alleine oder im Verbund mit dichten Dornensträuchern wie der Schlehe schützten sie menschliche Siedlungen und Gärten vor Eindringlingen, lieferten Nahrung und Medizin.

Für den Botaniker ist die Brombeere gar keine Beere. Aus den Fruchtblättern in der Blütenmitte bilden sich kleine Einzelbeeren, die wie eine Steinfrucht (z. B. Pfirsich) aufgebaut sind: Jede Einzelbeere enthält einen kleinen Steinkern. Da eine Brombeerfrucht aus vielen dieser Steinfrüchte besteht, spricht man wie bei der Himbeere von Sammelsteinfrüchten. Das Rosengewächs (*Rosaceae*) umfasst alleine in Deutschland über 400 Unterarten, die selbst Fachleute kaum unterscheiden können.

Der professionelle Brombeeranbau mit einheimischen, wilden Brombeerpflanzen führt in Europa aufgrund geringer Wirtschaftlichkeit ein Nischendasein. In den USA wird dagegen auf Grundlage einheimischer Wildarten intensiv gezüchtet. In den 1930er-Jahren kam dort erstmals eine stachellose Brombeerpflanze auf den Markt. Diese Sorten wachsen zudem aufrecht, sodass sie leichter beerntet werden können. Daher spielen sie auch in Europa im Erwerbsobstbau die Hauptrolle. Die bei uns angebotenen, stachellosen und meist weißblütigen Sorten stammen oft aus Übersee.

Wuchs und Aussehen Typisch für die wilde Brombeere sind ihre bis zu 3 m langen, am Boden kriechenden oder bogig überhängenden Triebe. Ausgewachsene Pflanzen können undurchdringbare Gebüsche bilden. Die Triebe sind dunkelgrün, oft auch rötlich überlaufen und weisen je nach Unterart unterschiedlich viele und verschiedenartig geformte Stacheln auf. Die Blätter sind wechselständig am Trieb angeordnet und bestehen meist aus fünf, seltener aus drei oder sieben Teilblättern. Die Einzelblätter sind unterschiedlich groß und besitzen eine eiförmig-spitze Grundform mit gezähntem Rand. Auf der Oberseite sind sie dunkelgrün-glänzend bis mattgrün, die untere Seite ist heller und variiert zwischen graugrün und silbrig-weißfilzig. Die Blüten erscheinen zahlreich am zweijährigen Holz zwischen Juni und August. Sie sind weiß oder blassrosa gefärbt und in Doldentrauben angeordnet. Die Einzelblüten besitzen immer fünf Blütenblätter. Die Beeren bzw. Sammelsteinfrüchte (s. Porträt) bestehen jeweils aus 20–50 winzigen, kugeligen, schwarz glänzenden Steinfrüchten.

Typisch: *Auf den Stielen und unterseitigen Hauptnerven der eiförmig-spitzen Brombeerblätter sitzen rückwärts gerichtete Stacheln – je nach Unterart in verschiedener Anzahl und Größe. Auch die Menge, die Form und der Geschmack der wilden Beeren hängen von der jeweiligen Unterart und dem Standort ab.*

Charakteristische Inhaltsstoffe und Heilwirkungen Die Beeren enthalten die Vitamine A, C, E, nennenswerte Mengen von B-Vitaminen, Magnesium, Kalzium, Eisen, Zink, Mangan und Kupfer sowie Gerbstoffe. Verschiedene Fruchtsäuren und Zucker bestimmen das Aroma der Früchte, die Farbstoffe aus der Gruppe der Anthozyane bewirken ihre dunkle Farbe. Reife Brombeeren enthalten 160 mg Anthozyane pro 100 g Beeren und Betacarotin. Sie gelten damit als stark antioxidativ wirksam (siehe Seite 8 ff.). Medizinisch genutzt werden die Beeren nicht; ihre vielen gesunden Inhaltsstoffe machen sie jedoch zu einem überaus wertvollen Lebensmittel. Dagegen sind die gesundheitlichen Wirkungen der Blätter schulmedizinisch anerkannt: Sie besitzen 8–14 % Gerbstoffe, vor allem Gallotannine sowie Flavonoide, organische Säuren und etwas Vitamin C. Ein Heiltee aus den Blättern wird zur Behandlung von unspezifischen akuten Durchfallerkrankungen und bei Entzündungen der Mund- und Rachenschleimhaut verordnet. Auch bei Heiserkeit, starker Monatsblutung und äußerlich für Waschungen bei chronischen Hauterkrankungen werden die Blätter traditionell empfohlen. Die Verwendung in Haustees ist als vorbeugende Maßnahme für einen gesunden Verdauungstrakt sinnvoll. Dem Tee verleihen sie zudem ein feines Aroma (siehe Seite 29). Schon im antiken Griechenland schätzte man ihre Heilwirkung: Dioskurides empfahl die Blätter zu kauen, um das Zahnfleisch zu stärken; Plinius verordnete sie zur Behandlung von Durchfällen. Hildegard von Bingen nutzte ihre zusammenziehende Wirkung als blutstillendes Mittel und behandelte damit Wunden und Geschwüre.

Vorkommen und Standortansprüche Wilde Brombeeren wachsen in Mitteleuropa weitverbreitet in Hecken, lichten Wäldern, an Waldrändern, Böschungen, Dämmen, auf Dünen, Brachflächen und Kahlschlägen. Brombeeren sind anspruchslos und anpassungsfähig. Besonders üppig und schnell wachsen sie auf nährstoffreichen, mäßig trockenen bis frischen, eher kalkarmen und leicht sauren Böden. Sie gedeihen auch im Schatten von Bäumen, tragen dort aber nur wenige, eher saure Früchte. In sonnigen Lagen lassen sich dagegen viele süße, aromatische Beeren ernten.

Ernte- und Sammeltipps

Auch bei Brombeeren sind für die Ernte nur voll ausgereifte, rundum glänzend-tiefschwarze Früchte zu empfehlen. Sie reifen nach und nach über viele Wochen hinweg. Im Unterschied zu Himbeeren bleibt der „Zapfen" (Blütenboden) beim Ernten in den Brombeeren stecken. Bei reifen Früchten ist er weich und kann gut mitgegessen werden. Schutz vor den stacheligen Ranken bieten festes Schuhwerk, robuste Kleider und Gartenhandschuhe. Junge Triebspitzen und saftige Blätter für Tee und Wildkräutergerichte sammelt man am besten zwischen April und Juni. Ältere Blätter schmecken etwas derber. Sie sind im Winter eine wertvolle Quelle für frisches Blattgrün, z. B. für einen Smoothie (siehe Seiten 15 und 30). An den bogig überhängenden Trieben sind sie auch im Schnee noch gut sichtbar und zugänglich.

Anbau im Garten Brombeeren sind ein starkwüchsiges Pioniergehölz, bilden viele Ausläufer und sind je nach Sorte mehr oder weniger mit Stacheln bewehrt: Die Pflanzung im Garten ist daher gut abzuwägen. Die robusten Sträucher eignen sich sehr gut zur Befestigung von abschüssigem Gelände, als lebendiger Zaun und als

Bodenverbesserer. Die frostharten Büsche bieten Schutz für Kleintiere und Vögel und sind eine gute Bienenweide. Leichter zu beernten sind sie an einem Spalier mit einem winterlichen Pflegeschnitt. Weil die Beeren an den zweijährigen Trieben erscheinen, bindet man dabei drei bis fünf der einjährigen Triebe ans Spalier und schneidet alle abgetragenen Triebe bodennah ab. Die meist angebotenen stachellosen Sorten schmecken oft weniger aromatisch. Daher ist der Kauf einer großfrüchtigen Brombeere mit Stacheln empfehlenswert. Oder kennen Sie ein wildes Exemplar mit großen, aromatischen Früchten? Davon kann man einen „Absenker" gewinnen (Sortenempfehlungen siehe Seite 90 ff.).

Verwendete Pflanzenteile und Erntezeit

Blätter für Smoothies	ganzjährig, auch im Winter
Blätter und Triebspitzen für Tee und Wildkräutergerichte	April bis Juni
Beeren	Mitte Juli bis Oktober

Rezepte

Grundrezept für einen Haustee Brombeerblätter schmecken angenehm und sind oft die Basis für einen wohltuenden Haustee – alleine oder mit Himbeer- und Johannisbeerblättern. Sie lassen sich gut mit ausgewählten Heilkräutern kombinieren. Nach Geschmack kommen noch „Schmuckdrogen" dazu – oft heilsame Blüten, beispielsweise von Kamille, Ringelblume, Rose oder Malve.

Mein Haustee
60 % Brombeerblätter, getrocknet · 20 % Blätter der Schwarzen Johannisbeere, getrocknet · 10 % Himbeerblätter, getrocknet · 8 % Pfefferminze, Melisse oder Zitronenverbene, getrocknet · 2 % Blütenblätter von Sonnenblume, Ringelblume oder Kornblume, getrocknet

Die getrockneten Kräuter und Blüten vermischen und möglichst luftdicht, kühl und dunkel aufbewahren.

Rezept-Tipp: Zur Herstellung eines Heiltees nutzt man am besten die Brombeerblätter von schwach behaarten Wildpflanzen. Im Gegensatz zu anderen Heiltees kann ein Brombeerblättertee gut über einen längeren Zeitraum getrunken werden.

„Schwarztee" Für einen koffeinfreien, besonders aromatischen „Schwarztee" frisch geerntete, saftige Brombeerblätter und Triebspitzen einige Stunden welken lassen. Danach in feine Streifen schneiden. Mit einem Nudelholz oder im Mörser kräftig quetschen, sodass reichlich Zellsaft austritt und eine feuchte Masse entsteht. Diese nun an einem warmen Ort mit einem Netz abgedeckt über Nacht ruhen lassen. Dabei führt die Reaktion des Zellsaftes mit dem Luftsauerstoff zu einem farblich erkennbaren Oxidationsvorgang, der Fermentation. Bevor sich Schimmel bilden kann, die Masse fingerdick auf einem Backblech oder dem Einschub eines Dörrapparats ausbreiten und schonend trocknen: Drei Stunden entweder im Dörrapparat oder im Backofen bei 50 °C und leicht geöffneter Backofentür (Holzkochlöffel einklemmen), danach bei 40 °C bis die Masse rascheltrocken ist. In saubere Behälter abfüllen, dunkel, kühl und trocken lagern. Dosierung 1–2 TL pro Tasse.

Rezept-Tipp: Dieser „Schwarztee" kann genauso aus getrockneten Erdbeer- oder Himbeerblättern hergestellt werden.

Brombeer-Früchtetee Vollreife Brombeeren im Dörrapparat trocknen. Im Mörser etwas zerkleinern. Mit getrockneten, grob zerkleinerten Hagebuttenschalen und -kernen sowie getrockneten Apfelstückchen vermengen (50 % Brombeere, 20 % Hagebutte, 30 % Apfel).

Grüner Brombeer-Smoothie

2 Handvoll grüne Brombeerblätter · 1 Banane · 8 Datteln, entsteint · 2 Äpfel · 1 Zitrone, Saft · 1 Orange, Saft · 1 Stück Ingwerwurzel (etwa 1 cm) · 500 ml reines Wasser

Alle Zutaten in einem leistungsstarken Mixer etwa eine Minute lang zu einem cremigen Smoothie pürieren.

Rezept-Tipp: Im April gesammelte Brombeerblätter sind mitsamt Stacheln noch weich und saftig. Die Stacheln sind dann noch kaum spürbar. Zu dieser Jahreszeit kann man die klein gehackten Blätter gut als essbares Wildkraut unter Gemüsegerichte mischen.

Hirseauflauf mit Brombeeren

250 g Hirse · 625 ml reines Wasser · 400 g Brombeeren · natives Kokosöl oder Butter · 2 Eier · 200 ml Sahne/Rahm · 6 EL Apfel- oder Birnendicksaft · Ceylon-Zimtpulver · 1 Zitrone, Saft

Die Hirse in einem Sieb heiß abspülen. Mit dem Wasser in einem Topf kräftig aufkochen und zugedeckt für 20 Minuten ausquellen lassen. Die Brombeeren waschen, entstielen und verlesen. Den Backofen auf 200 °C vorheizen. Eine Auflaufform mit Kokosöl oder Butter fetten. Eier, Sahne, Dicksaft, Zimt und Zitronensaft in einer Schüssel verrühren. Mit der gegarten Hirse vermischen und die Brombeeren unterheben. In die Auflaufform geben und 20 Minuten im Backofen garen. Warm servieren.

Rezept-Tipps: Für eine vegane Variante anstelle von Eiern und Sahne 500 ml Kokosmilch verwenden. Dabei die Wassermenge beim Kochen der Hirse um 200 ml reduzieren. Auf diese Weise quillt die Hirse später beim Backen weiter auf und nimmt zusätzlich Flüssigkeit auf, sodass auch der vegane Auflauf stockt. Ein ebenfalls veganes Rezept für einen leckeren Brombeerkuchen gibt es unter: http://hvlink.de/natur-genuss-brombeerkuchen.

Heidelbeere, Blaubeere

Vaccinium myrtillus

Porträt

Die Heidelbeere ist eine köstliche Wildbeere, die noch immer von vielen Beerenfreunden eifrig in der Natur gesammelt wird. Auch Schwarzbeere oder Bickbeere genannt (vom niederdeutschen „Pik" für Pech), färben sich beim Sammeln die Hände violettblau, beim Genuss folgen Lippen, Zunge und Zähne. Bei uns angebotene Kulturheidelbeeren stammen jedoch von der Amerikanischen Heidelbeere (*Vaccinium corymbosum*) ab, die ähnliche Lebensräume besiedelt und vergleichbare Ansprüche stellt. Die Halbsträucher werden aber je nach Sorte bis zu 2 m hoch, die Früchte sind zwei- bis viermal so groß. Sie schmecken süßer, aber weniger aromatisch und sind nicht durchgefärbt: Ihr Fruchtfleisch bleibt hell und färbt auch bei der Zubereitung nicht aus. Zudem enthalten europäische Heidelbeeren im Vergleich zur amerikanischen Art weitaus mehr von den blauvioletten, antioxidativ wirksamen Anthozyanen (siehe Seite 8 ff.). Von der heimischen Heidelbeere sind keine Kulturformen erhältlich, da bei uns bislang keine Sortenauslese und Züchtung stattgefunden hat. Die Wildform wird jedoch teilweise im Handel angeboten. Sie gehört, wie die Preiselbeere (Seite 64), zu den Heidekrautgewächsen (*Ericaceae*), beide gedeihen als Zwergstrauch. Preiselbeeren sind jedoch rot und immergrün, während Heidelbeeren nur im Sommerhalbjahr belaubt sind. Ihre kantigen, grünen Zweige mit dem charakteristischen, stark verzweigten „Bonsai-Wuchs" werden von Floristen gerne als Blattschmuck verwendet. Von Januar bis April ist die Heidelbeere noch unbelaubt. Behält man sie nach dem Verblühen des Straußes noch länger in der Vase, erscheinen die ersten kleinen Blättchen und Blütenglöckchen.

Wuchs und Aussehen Die wilden Zwergsträucher werden 10–50 cm groß und können mehrere Jahrzehnte alt werden. Die eiförmig bis elliptisch geformten Blätter mit dem gezähnten Rand erscheinen mit der Blüte zwischen April und Mai. Die etwa 5 mm kleinen, hübschen Blütenglöckchen stehen einzeln und wachsen aus den Blattachseln hervor. Sie sind weiß-grün gefärbt und oft rötlich überlaufen. Je nach Klima und Höhenlage reifen die Früchte zwischen Juli und September. Dann nehmen sie samt Fruchtfleisch eine intensiv blauviolette Farbe an. Zur Vollreife sind sie außen blaugrau bereift und 3–10 mm groß. Im Herbst verfärben sich die Blätter rot bis rotbraun und verleihen der Landschaft charakteristische rötliche Farbtupfer. Heidelbeeren vermehren sich durch Wurzelausläufer und generativ durch Samen, die auch über tierische Fraßfreunde verbreitet werden. Die Flachwurzler bilden ein feines, sehr dichtes Wurzelwerk aus. Bemerkenswert ist ihre Lebensform: Heidelbeeren leben in Symbiose mit Mykorrhizapilzen, die ihnen bei der Aufnahme von Nährstoffen behilflich sind. Auf diese Weise gelingt es den Pflanzen, auch auf eher nährstoffarmen und bodensauren Standorten üppig zu gedeihen.

Typisch: Die Heidelbeere wird manchmal mit der selteneren Rauschbeere (Vaccinium uliginosum) verwechselt, die in größeren Mengen genossen zu Vergiftungserscheinungen führen kann. Im Vergleich weist die Heidelbeere charakteristische grüne, kantige Stängel auf. Das Fruchtfleisch der fade schmeckenden Rauschbeeren ist nicht blau, sondern farblos.

Charakteristische Inhaltsstoffe und Heilwirkungen Der hohe Gehalt an sekundären Pflanzenstoffen, darunter Anthozyane und weitere Flavonoide, begründet den heutigen Ruf von Heidelbeeren als „Superfood" (siehe Tabelle im hinteren Buchumschlag). Heidelbeeren haben eine stark antioxidative Wirkung mit all den damit verbundenen Wirkungen auf unsere Gesundheit (siehe Seite 8 ff.). Laut einer Studie der Universität Boston/USA lassen sich durch eine Handvoll Früchte pro Tag Gedächtnis und Lernfähigkeit bis ins Alter messbar unterstützen. In Verbindung mit dem hohen Gehalt an Betacarotin soll sich auch eine verbesserte Sehleistung erreichen lassen, besonders bei Dunkelheit. Zusätzlich enthalten die Beeren reichlich Vitamin C, E, verschiedene B-Vitamine, Mineralstoffe und Gerbstoffe (5–12 %). Hildegard von Bingen empfahl getrocknete Heidelbeeren als Mittel bei Durchfall, das besonders von Kindern gern genommen wird. Frische Beeren haben hingegen eine verdauungsfördernde Wirkung, in großen Mengen genossen sind sie sogar abführend. Schuldmedizinisch anerkannt ist auch die Wirksamkeit bei Entzündungen im Mund- und Rachenraum (mit warmem Pflanzensaft gurgeln). Auch die Blätter der Heidelbeere werden volksmedizinisch für Tees verwendet. Das Bundesgesundheitsamt lehnt die Anwendung der Blätter jedoch aufgrund möglicher Nebenwirkungen ab: Durch Überdosierung und Dauergebrauch kann es zu Übelkeit, Erbrechen und zu einer sogenannten Hydrochinonvergiftung kommen.

Vorkommen und Standortansprüche Die Heidelbeere liebt bodensaure Standorte und einen humosen, feuchten Boden ohne Staunässe. In Mitteleuropa findet man sie daher in den Hochlagen der kalkarmen Mittelgebirge wie Schwarzwald, Vogesen, Taunus, Harz, im Thüringer und Bayerischen Wald sowie im Erzgebirge. Dort bilden die Zwergsträucher in lichten Nadelwäldern sowie auf moorigen Böden dichte Bestände aus und prägen die Mittelgebirgslandschaften. Typisch ist die Pflanze auch in den Heidelandschaften Norddeutschlands; in den Alpen findet man sie bis auf Höhen von über 2000 m. Hier oben bilden sie dank der intensiven Sonneneinstrahlung das beste Aroma aus. An den exponierten Hochgebirgsstandorten überleben die frost- und trockenheitsempfindlichen Pflanzen den Winter nur durch den Schutz einer dicken Schneeauflage. In schneearmen, trocken-kalten Wintern kann die Pflanze bis auf den Boden zurückfrieren, regeneriert sich aber meist in den Folgejahren durch Austriebe aus dem Wurzelstock.

Ernte- und Sammeltipps

Weil Blaubeeren ausfärben, ist beim Sammeln ältere oder zumindest unempfindliche Kleidung zu empfehlen. Die Früchte einer Pflanze reifen nicht alle zeitgleich. Deshalb immer nur ganz violettblaue, blaugrau bereifte Beeren pflücken. Erst in den letzten Tagen bis zur Vollreife wird die ganze Fülle der Vitalstoffe ausgebildet. Sind sie am Stielansatz noch grün, lässt man sie hängen. Ab den 1970er-Jahren wurde versucht, die aufwendige Ernte mit „Heidelbeerkämmen" zu beschleunigen. Weil damit aber auch unreife Beeren und zahlreiche Blätter abgerissen und die zarten Zweige verletzt werden, ist ihr Einsatz bei wilden Heidelbeeren heute in vielen Bundesländern verboten. Wilde Früchte kann man nur kurzzeitig aufbewahren, gekühlt sind sie höchstens zwei Tage haltbar. Kulturheidelbeeren sind etwas besser transport- und lagerfähig.

Anbau im Garten Um die Wildform der Heidelbeere im Garten anzupflanzen, besorgt man sich Jungpflanzen aus dem Fachhandel. Wer einen Naturstandort kennt, sollte sich beim jeweiligen Besitzer vor dem Ausgraben eine Erlaubnis holen. Pflanzen aus Naturschutzgebieten dürfen nicht entfernt werden! Mit einem scharfen Spaten trennt man junge Wurzelausläuferpflanzen von der Mutterpflanze. Für den Transport in feuchte Tücher wickeln und noch am selben Tag einpflanzen.
Im Garten braucht sowohl die europäische als auch die amerikanische Heidelbeere einen speziellen, humusreichen, kalkarmen und sauren Boden (pH-Wert: 4–5). Dazu gräbt man ein etwa 40 cm tiefes Pflanzloch aus und mischt ein Pflanzsubstrat aus saurer Nadelwalderde mit Laub- oder Rindenkompost. Auch Quarzsand, Nadelholzsägespäne oder Eichenlaub eignen sich. Auf Torf ist zum Schutz der Hochmoore zu verzichten. Die Oberfläche großzügig mit einer Schicht aus Nadelstreu und/oder Rindenmulch abdecken. Das hält die Erde feucht, senkt den pH-Wert, schützt vor wuchernden Begleitkräutern und versorgt die Pflanze mit Nährstoffen. Ein guter Zeitpunkt, um ein solches Moorbeet anzulegen, ist im September/Anfang Oktober: Dann können die Pflanzen vor dem Winter noch gut einwurzeln. Ist die Heidelbeere erst einmal gut im Garten angekommen, ist sie genügsam und freut sich bei starker Hitze über ausreichend Wasser.

Verwendete Pflanzenteile und Erntezeit

Beeren	Juli bis September

Rezepte

Rohköstliche Blaubeersauce

400 g frische Heidelbeeren · 4 reife Datteln · ½ Zitrone, Saft · Ceylon-Zimtpulver · 50 ml reines Wasser

Die Blaubeeren verlesen, waschen und entstielen. Die Datteln entsteinen und klein hacken, alle Zutaten pürieren.

Rezept-Tipp: Diese köstlich fruchtige Blaubeersauce passt gut zu Pfannkuchen (Rezept auf Seite 89), Hefeklößen, Vanillepudding oder Käsekuchen.

Blini mit Heidelbeerjoghurt

für etwa 12 Blini · 70 g Buchweizenmehl · 150 g Dinkelmehl · 2 Eier · 1 EL Apfel- oder Birnendicksaft · Salz · 1 Pck Trockenhefe oder ½ Würfel Frischhefe · 150 ml Milch oder vegane Milch · 300 g Heidelbeeren · 2 EL Ahornsirup · 500 g Sahnejoghurt · 1 Limette oder Zitrone, Saft · 2 Pck Bourbon-Vanillezucker · natives Kokosöl

Aus den Mehlen, Eiern, Dicksaft, Salz, Hefe und Milch mit einem Handrührgerät einen zähflüssigen Teig herstellen. An einem lauwarmen Ort etwa 45 Minuten abgedeckt ruhen lassen. Heidelbeeren verlesen, waschen und abtropfen lassen. Mit Ahornsirup vermischen, kurz stehen lassen. Sahnejoghurt mit Limettensaft und Vanillezucker verrühren und kurz ziehen lassen. Den Teig nochmals durchrühren. In einer Pfanne etwas Kokosöl erhitzen und pro Blin etwa 2 EL Teig in die Pfanne geben. Mit dem Löffel glatt streichen, sodass runde Blini von 6–8 cm Durchmesser entstehen. Diese auf jeder Seite goldbraun ausbacken. Die Blini mit einem Klecks Joghurt und den Heidelbeeren noch warm servieren.

Heidelbeersorbet mit Kokosmus

400 g frische Heidelbeeren · 2 EL Zitronensaft · Ceylon-Zimtpulver · 1 Pck Bourbon-Vanillezucker · 2 EL Apfel- oder Birnendicksaft · 50 ml reines Wasser · 2 EL rohes Kokosmus (Reformhaus, Bio-Laden)

Die Heidelbeeren verlesen, waschen und entstielen. Mit den restlichen Zutaten pürieren. Vor dem Servieren mindestens zwei Stunden tiefkühlen.

Rezept-Tipp: Heidelbeeren eignen sich auch sehr gut für die Zubereitung eines rohköstlichen Fruchtaufstrichs (Seite 47), für Fruchtleder-Röllchen (Seite 59) oder für Kuchen (z. B. Thüringer Heidelbeerkuchen, Rezept auf Mizzis Küchenblock unter http://hvlink.de/naturgenuss-heidelbeerkuchen).

Himbeere

Rubus idaeus

Porträt

Die Himbeere ist ein Rosengewächs (*Rosaceae*) und gehört wie die nah verwandte Brombeere der Gattung „Rubus" an. Auch sie ist botanische keine Beere, sondern eine Sammelsteinfrucht (siehe Seite 26). Anders als bei Brombeeren löst sich bei der Ernte von Himbeeren die Frucht vom innenliegenden Zapfen (Fruchtboden) ab – daher auch der Volksname „Hohlbeere". Ihr heutiger Name stammt vom althochdeutschen „Hintperi", was „Beere der Hirschkuh" bedeutet. Tatsächlich sind die Beeren, Triebspitzen und jungen Blätter beim Rehwild beliebt; bis heute werden die Früchte auch „Hirschbeeren" genannt. Ihr Volksname „Honigbeere" verrät das zuckersüße Aroma. Dies schätzten schon unsere Vorfahren aus der Steinzeit, was historische Funde belegen. Bis heute spielen Wildsammlungen eine wichtige Rolle. Im Mittelalter baute man Himbeeren erstmals in Klostergärten an, um sie medizinisch zu nutzen. Im 19. Jahrhundert fehlten sie in keinem Hausgarten, die Ware auf den Märkten wurde aber weiterhin in der Natur gesammelt. Als die Nahrungsmittelindustrie gegen Ende des 19. Jahrhunderts begann, im großen Stil Marmelade, Säfte, Konserven, Sirup und Fruchtsaucen herzustellen, wurden die Himbeeren schließlich professionell angebaut. Das konnte jedoch den Bedarf noch lange nicht decken und es fehlte an leistungsstarken Sorten. So blieb die Wildsammlung bis in die 1930er-Jahre dominierend. Dennoch wurde mit der Himbeere gezüchtet, sodass es schon seit dem 16. Jahrhundert gelbfruchtige und seit dem 19. Jahrhundert auch schwarzfruchtige Himbeeren gibt. Sie zählen heute zu den traditionellen, köstlichen Sorten. Nach wie vor werden in abgelegenen Gegenden des Balkans, der Karpaten und der Tatra sowie in den Weiten Sibiriens intensive Wildsammlungen durchgeführt. Russland ist heute der weltweit größte Erzeuger von Himbeeren. Auch hierzulande wächst die „Honigbeere" noch vielerorts wild. Die Ernte kann mühsam ausfallen, weil die bis zu mannshohen Triebe schnell ein undurchdringbares Stachelgestrüpp bilden. Im Garten ist man mit Herbsthimbeeren bzw. mit remontierenden Sorten oft gut beraten: Sie tragen über einen längeren Zeitraum Früchte und sind pflegeleichter als die Sommerhimbeeren (Sortenempfehlungen siehe Seite 90 ff.).

Wuchs und Aussehen Himbeerpflanzen gelten als Halbsträucher: Ihre Triebe verholzen zwar im Lauf des ersten Jahres, sterben aber nach dem Fruchten im zweiten Jahr ab. Aus rhizomartig verdickten, flach wachsenden Wurzeln verjüngen und verbreiten sich die Pflanzen jedes Frühjahr aufs Neue. Die 1–2 m hoch wachsenden Schösslinge erscheinen zunächst steil aufrecht, hängen dann meist an der Spitze über und verholzen bis zum Herbst. Verglichen mit der Brombeere sind die etwa 5 mm langen Stacheln der Triebe eher zierlich. In der oberen Hälfte der Ruten bilden sich Knospen in den Blattachseln: Daraus wächst im zweiten Jahr das Fruchtholz, an dem sich Blüten und Früchte entwickeln (siehe „Anbau im Garten", rechte Seite). Die am Rand gesägten Blätter stehen wechselständig am Trieb und sind mit drei bis sieben Teilblättern unpaarig gefiedert. Die Unterseite der eiförmig-spitzen Einzelblätter ist weißfilzig, leicht behaart und teilweise mit Stacheln besetzt. Die Blüten erscheinen im Mai/Juni, sie stehen in lockeren Trugdolden zusammen. Eine Einzelblüte weist einen Durchmesser von 1–3 cm auf und besteht aus fünf grünen Kelch- und fünf weißen Blütenblättern. Die Frucht erscheint ab Juni/Juli: Sie setzt sich aus vielen kleinen, einsamigen Steinfrüchten zusammen und löst sich bei der Ernte vom Fruchtboden ab.

***Typisch:** Wilde Himbeerpflanzen können mit Brombeerpflanzen verwechselt werden: Man erkennt sie jedoch an ihren weißen, filzigen Blattunterseiten, die beim frischen Blattaustrieb besonders deutlich zu sehen sind. Ihre Stacheln sind zudem feiner und weicher.*

Charakteristische Inhaltsstoffe und Heilwirkungen Die Früchte der Himbeere sind ernährungsphysiologisch ausgesprochen wertvoll: Sie enthalten Vitamin C, E, B-Vitamine und reichlich Eisen, Magnesium, Kalium, Kalzium und Zink. Die sekundären Pflanzenstoffe sind hoch konzentriert, darunter Ellagsäure, Anthozyane und andere Flavonoide (siehe Seite 8 ff.). Der hohe Ballaststoffgehalt fördert Verdauung und Darmgesundheit. Durch Fruchtsäuren wirken die Früchte harntreibend. Der Saft wird in der Volksheilkunde eingesetzt, um Fieber zu senken. Himbeerblätter enthalten Vitamin C und E, Kalium, Magnesium, Mangan und Eisen. Ihr Gehalt an Gerbstoffen und Flavonoiden wird medizinisch genutzt: Der Tee dient bei Entzündungen im Mund- und Rachenraum als Gurgelmittel und wird auch bei Durchfall empfohlen. Bekannt ist er bei werdenden und jungen Müttern, da er die Beckenmuskulatur und den Muttermund lockern, die Gebärmutter entspannen und die Wehen sanft auslösen kann. Im Wochenbett wird er von Hebammen empfohlen, da er auch milchbildend wirkt.

Vorkommen und Standortansprüche Himbeersträucher sind eine für die mitteleuropäischen Wälder sehr typische, häufig anzutreffende Art. Überall, wo das Sonnenlicht durch die Bäume auf den Waldboden trifft und die Böden humus- und nährstoffreich, gut durchfeuchtet und neutral oder besser leicht sauer sind, herrschen für diesen Halbstrauch ideale Bedingungen. Daher trifft man wilde Himbeeren oft auf Waldlichtungen, an Waldrändern und entlang von Waldwegen sowie in Schlucht- und Auwäldern. Auf Kahlschlag- bzw. Wiederaufforstungsflächen vermehrt sich die Himbeere oft stark: Dort kann sie für wenige Jahre, bis die jungen Bäume sie wieder beschatten und verdrängen, Massenbestände bilden. Die Pflanzen gedeihen bis auf Höhen von 1600 m.

Ernte- und Sammeltipps

Festes Schuhwerk und lange Hosen schützen vor den Stacheln. Verglichen mit Brombeeren sind diese jedoch kleiner und zierlicher; zudem bildet der Halbstrauch mit seinen aufrechten Schösslingen ein weniger dichtes und wirres Gestrüpp. Reife Himbeeren sind kaum transport- und lagerfähig und sind rasch zu verarbeiten. Es ist empfehlenswert, nur vollreife Beeren zu ernten und die Pflanzen dafür wiederholt alle drei Tage aufzusuchen. Lassen sich die Beeren leicht vom innenliegenden Zapfen lösen, sind sie erntereif. Im März und April kann man die essbaren Blätter und jungen Triebe sammeln und unter ein Pfannengemüse mischen.

Anbau im Garten Himbeeren lassen sich traditionell in Reihen anbauen und mit einem stützenden Gerüst versehen. Oder man imitiert ihr natürliches Erscheinungsbild und lässt sie in bestimmten Gartenbereichen kontrolliert flächig verwildern. Himbeeren können sowohl im Halbschatten, etwa zwischen Obstbäumen, als auch in voller Sonne angebaut werden. Den im Idealfall leicht sauren Boden erreicht man durch das Einarbeiten von etwas Rindenmulch, der auch als Bodenabdeckung gute Dienste tut. Reifer Kompost eignet sich hervorragend als Dünger, auf Stickstoff- und Kalkgaben reagieren Himbeeren aber geradezu allergisch. Idealerweise wird der Kompost nach Ende des Winters, etwa Anfang März, als 3 cm dicke Schicht ausgebracht. Die verholzten, zweijährigen, bräunlichen Ruten nach der Ernte bodennah abschneiden, die einjährigen, grünlichen Triebe stehen lassen. Einfacher ist es bei der Herbsthimbeere: Sie wird vor dem ersten Frost komplett abgeschnitten (Sortenempfehlungen siehe Seite 90 ff.).

Verwendete Pflanzenteile und Erntezeit

Sommerhimbeere	Juni bis August
Wilde Himbeere	Juli bis September
Herbsthimbeere	August bis Oktober
Blätter für Tee	März bis Mai
Blätter für Wildkräutergerichte	März / April

Rohköstliche Himbeertörtchen

50 g Cashewkerne · etwas reines Wasser · etwa 100 g Walnüsse · etwa 100 g Datteln · ½ Banane · 1 Pck Bourbon-Vanillezucker · etwa 400 g Himbeeren

Die Cashewkerne in etwas Wasser einweichen. Für den Teig die Walnüsse und die entsteinten Datteln durch diefeinste Scheibe eines Fleischwolfs drehen, gut verkneten. Alternativ eine Saftpresse verwenden, die schonend ohne Zentrifuge arbeitet. Der Teig sollte eine formbare, aber relativ feste Konsistenz haben: Bei Bedarf noch etwas klein gewolfte Walnüsse (fettig-ölig) oder Datteln (trocken-klebrig) untermengen. Den Teig zwischen zwei Lagen Klarsichtfolie ausrollen und mit einem Glas runde Tortenböden ausstechen. Aus dem restlichen Teig pro Tortenboden eine kleinen Rand formen. Cashewkerne mit dem Einweichwasser, Banane und Vanillezucker zu einer „Cashew-Sahne" pürieren. Die Tortenböden damit bestreichen. Die Himbeeren bei Bedarf vorsichtig waschen und gut abtropfen lassen, mit den Spitzen nach oben auf die Törtchen setzen.

Rezept-Tipps: Weil die Tortenböden leicht auf der jeweiligen Unterlage haften bleiben, können sie auch direkt auf den Kuchentellern zubereitet werden. Himbeeren eignen sich auch hervorragend für Fruchtsaucen (s. Seite 16). Wer ein besonders feines, kernloses Coulis möchte, streicht die Beren durch ein Metallsieb und gibt einen Schuss Himbeergeist dazu.

Salat mit Himbeeren und jungem Spinat

200 g junger Spinat · 150 g Himbeeren · 2–3 EL Nussöl · 1–2 EL Himbeeressig · 1 TL Apfel- oder Birnendicksaft · Salz, Pfeffer · 1 EL Mandelblättchen

Den Spinat waschen und trocken schleudern. Mit den gewaschenen Himbeeren in einer Salatschüssel vorsichtig vermengen und auf Salatteller portionieren. Ein Dressing aus Nussöl, Himbeeressig, Dicksaft, Salz und Pfeffer anrühren und über den Salat träufeln. Mit Mandelblättchen bestreut servieren.

Rezept-Tipps: Das Rezept für den „Walderdbeer-Essig" (siehe Seite 88) lässt sich auch genauso mit Himbeeren zubereiten. Die zwischen März und Mai gesammelten, getrockneten Himbeerblätter passen auch gut in einen Haustee (siehe Seite 29). Fermentiert schmecken sie ähnlich wie Schwarztee (siehe Rezept Seite 30).

Rote & Schwarze Johannisbeere

Ribes rubrum und Ribes nigrum

Porträt

Johannisbeeren reifen um die Zeit des Johannistages am 24. Juni, dem Gedenktag zu Ehren von Johannes dem Täufer – daher stammt wohl ihr Name. Mundartlich werden die Früchte gerne nach dem botanischen Gattungsnamen „Ribes" benannt, beispielsweise „Ribiseln" (Bayern, Österreich) oder „Riiblisen" (Nordfriesland). Die Schwarzen Johannisbeeren heißen auch „Cassis(beeren)" wie in Frankreich – wohl aufgrund des legendären Likörs (siehe Seite 46). Was die Inhaltsstoffe angeht, gehören sie zu unseren gesündesten heimischen Beeren (siehe Tabelle, hinterer Buchumschlag)! Alle Johannisbeeren werden der Familie der Stachelbeergewächse zugeordnet (*Grossulariaceae*). Es wird angenommen, dass die heutigen Roten und Weißen Garten-Johannisbeeren (*Ribes rubrum var. domesticum*) aus Kreuzungen der wilden, heimischen Roten Johannisbeere (*Ribes rubrum*) mit der Felsen-Johannisbeere (*Ribes petraeum*) und der Ährigen Johannisbeere (*Ribes spicatum*) hervorgegangen sind. Weiße Johannisbeeren sind im Laufe der Züchtung als Farbvariante aus der Roten Johannisbeere entstanden, stellen also keine eigene Art dar. Sie schmecken milder und weniger sauer; anstelle der roten Anthozyane enthalten sie weißgelbe Flavonoide. Die Schwarze Johannisbeere (*Ribes nigrum*) ist eine in Mittel- und Nordeuropa sowie in Asien häufig vorkommende, einheimische Art. Ihre natürliche Verbreitung lässt sich in Mitteleuropa nicht mehr rekonstruieren, weil Wildformen und verwilderte Zuchtformen kaum voneinander zu unterscheiden sind. Anders als für Brom-, Erd- und Himbeeren gibt es keine Nachweise dafür, dass wilde Johannisbeeren schon in der Steinzeit genutzt wurden: Erst im 15. und 16. Jahrhundert treten sie als Heil- und Nutzpflanzen in Erscheinung und werden als solche kultiviert. Gründe dafür könnten der saure, etwas fade Geschmack der wilden Arten sein, ihr geringer Fruchtansatz (ein bis fünf Beeren je Traube) und das nur vereinzelte, zerstreute Vorkommen der Pflanzen. Wilde Johannisbeeren sind deshalb weniger attraktiv als die anderen hier im Buch beschriebenen Wildbeeren. Da sich an dieser Situation auch für den heutigen Sammler nichts geändert hat, stehen hier die Kulturformen der Roten, Weißen und Schwarzen Johannisbeeren im Mittelpunkt – zumal sich diese hervorragend für naturnah gestaltete Gärten eignen.

Wuchs und Aussehen Die Sträucher der Roten und Weißen Garten-Johannisbeeren werden 1–2 m hoch. Junge Triebe wachsen zunächst straff aufrecht, später überhängend. Sie bilden kurztriebiges Fruchtholz aus, an dem über viele Jahre hinweg Früchte wachsen. Alle Johannisbeeren sind sommergrün und stachellos. Typisch ist die leicht behaarte, mit Drüsen besetzte Rinde der jungen Zweige. Ältere Zweige sind dagegen dunkler und unauffällig rötlich oder schwarzbraun gefärbt. Die Blätter stehen wechselständig am Zweig, sind grob gesägt, ungeteilt und drei- bis fünflappig. Junge Blätter sind auf der Unterseite flaumig behaart und werden später kahl. Die 6–8 mm kleinen, weißgrünen Blüten erscheinen im April/Mai und stehen in traubigen Blütenständen zusammen. Bis zu acht dieser Rispen können in einem Büschel nebeneinander wachsen. Die roten, weißen, manchmal auch gelben oder rosa Beeren sind kugelrund, glatt, etwa 5–10 mm groß und oft glasig durchscheinend; die Erntezeit ist im Juni/Juli.
Schwarze Johannisbeeren wachsen ähnlich wie die Roten als bis zu 1,5 m hoher Strauch. Sie bilden jedoch kein dauerhaftes Fruchtholz aus, sondern blühen und fruchten einmal an den vorjährigen Trieben. Auch die Blattform ist ähnlich, die Unterseiten sind jedoch dauerhaft behaart und mit gelblichen Drüsen besetzt. Charakteristisch ist ihr intensiver, teilweise als unangenehm empfundener Geruch aller Pflanzenteile, besonders von Knospen, Früchten und Blättern. Die Blüten und deren Anordnung sind der Roten Johannisbeere ähnlich, auch die Blütezeit ist im April/Mai. Die Reifezeit ist etwas später, typischerweise im Juli/August. Die einzelnen schwarzen Beeren sind minimal größer (8–12 mm), dafür aber meist weniger zahlreich.

***Typisch:** Rote und Schwarze Johannisbeeren weisen charakteristische Blüten- bzw. Fruchtstände auf: Diese stehen in Trauben zusammen und bilden jeweils mit bis zu acht anderen Rispen ganze „Beerenbüschel" aus.*

Wilde Johannisbeere

Charakteristische Inhaltsstoffe und Heilwirkungen Johannisbeeren sind besonders vitaminreiche Beeren. Sie bieten vor allem reichliche Mengen Vitamin C, E, B-Vitamine, Kalium, Kalzium, Eisen, Magnesium, Mangan, Kupfer und Zink. In der Volksmedizin wurde besonders dem Saft der Roten Johannisbeere Bedeutung zugemessen. Aus dem 16. Jahrhundert ist seine Anwendung als fiebersenkendes Mittel überliefert. Die mild harntreibenden Johannisbeeren unterstützen die Nieren und wurden auch zur Behandlung von Keuchhusten, Rheuma und Gicht eingesetzt – daher ihr Volksname „Gichtbeere". Die Schwarze Johannisbeere übertrifft mit ihrem überaus hohen Gehalt an antioxidativ wirksamen Farbstoffen (v. a. Anthozyane und Prozyanidine), einem sehr hohen Gehalt an Vitamin C und vielen weiteren Vitalstoffen die Rote Johannisbeere noch. Sie zählt zu den gesündesten einheimischen Beeren mit den höchsten Konzentrationen an Vitaminen, Mineralstoffen und Spurenelementen (siehe Tabelle, hinterer Buchumschlag). Sie gilt als Stärkungsmittel, ist aber nicht als offizielle Heilpflanze anerkannt. Laut Volks- und Naturheilkunde regt sie den Stoffwechsel an und steigert die Immunabwehr. Sie wirkt mild blutdrucksenkend und aufgrund des Vitamins B_3 (Niacin) als „Nervennahrung" beruhigend und schlaffördernd. Die Samen aller Johannisbeeren enthalten reichlich Gamma-Linolensäure, die unter anderem bei Ekzemen, Akne und Neurodermitis eine wichtige Rolle spielt. Der schmackhafte Tee aus den Blättern der Schwarzen Johannisbeere wirkt allgemein stärkend, „blutreinigend", harn- und schweißtreibend: In der Volksheilkunde wird er bei Erkältungskrankheiten, Entzündungen im Mund- und Rachenraum sowie bei Gicht, rheumatischen Beschwerden und Arthritis empfohlen. Die frischen, zerriebenen Blätter mildern Insektenstiche.

Vorkommen und Standortansprüche Wilde Johannisbeeren wachsen an lichten, aber meist schattigen bis halbschattigen, feuchten Waldstandorten mit humosem, leicht saurem Boden. Typische Standorte sind Auen-und Bruchwälder (*Ribes nigrum*), feuchtkühle Schluchtwälder (besonders *Ribes petreum* und *Ribes alpinum*), Hochstaudenfluren in den oberen Lagen der Mittelgebirge und im Hochgebirge (*Ribes alpinum*). Aus Gärten heraus verwilderte Rote und Schwarze Johannisbeeren kommen auch an trockeneren und sonnigeren Standorten vor. Unter dem Einfluss von mehr Wärme und Licht ist der Fruchtansatz besser, doch wachsen Johannisbeeren am besten auf frischen, also relativ feuchten und leicht sauren, humusreichen Böden. Dann sind vollsonnige Standorte gut möglich; die Sträucher eignen sich aber auch sehr gut als Unterpflanzung in lockeren Baumbeständen – besonders in warmen Weinbaugebieten.

Erntetipps

Auch Johannisbeeren sind grundsätzlich vollreif zu ernten, mit einer Ausnahme: Beim Reifen sinkt der Pektingehalt, sodass Beeren für Gelees und Konfitüren schon ein paar Tage vorher geerntet werden können. So spart man sich den Zusatz von Gelierzucker! Stattdessen lässt man die Beeren mit einfachem Zucker etwas länger einkochen (Gelierprobe machen, siehe Seite 11). Leicht unreife Johannisbeeren eignen sich (wie grüne Stachelbeeren oder unreife Äpfel) auch als natürliches Geliermittel bei der Verarbeitung von anderen Früchten. Im Garten ist der Einsatz von Netzen hilfreich, da auch Vögel gerne Johannisbeeren essen.

Anbau im Garten Johannisbeeren sind pflegeleichte und unkomplizierte Gartenbewohner. Die Sträucher sind robust und sehr frosthart, sodass ihr Anbau bis auf Höhen von 1400 m problemlos möglich ist. Ihre frühe Blüte ist eine ergiebige Bienenweide, aber durch Spätfröste gefährdet. Daher sind Johannisbeeren eher in Nord- oder Ostlagen eines Gartens anzubauen, weil sie so später austreiben. Auch vollsonnige Standorte sind günstig; allerdings brauchen die Pflanzen hier im Sommer ab und zu Wasser, um Hitzeschäden zu vermeiden. Auch Johannisbeeren sind als dekorative Hochstämmchen erhältlich. Schwarze Johannisbeeren brauchen teilweise weitere Pflanzen zur Befruchtung bzw. Fruchtentwicklung. Junge Büsche pflanzt man möglichst tief ein, Mulchen ist empfehlenswert. Für Mehltau anfällige Sorten an sonnigeren und windexponierteren Standorten pflanzen, weil die Blätter hier schneller abtrocknen (Sortenempfehlungen siehe Seite 92 ff.). Beim jährlichen Schnitt nach der Ernte oder im März entfernt man zwei bis drei der ältesten Triebe möglichst bodennah. Zudem werden die Jungtriebe auf insgesamt drei bis vier der stärksten Exemplare reduziert, sodass der Strauch noch insgesamt acht bis zwölf Haupttriebe besitzt. Dann schneidet man die abgetragenen Seitentriebe am Ansatz ab.

Verwendete Pflanzenteile und Erntezeit

Schwarze Johannisbeere	Juni bis August
Rote und Weiße Johannisbeere	Juni / Juli
Knospen	März / April
Blätter	März / April

Rezepte

Crème de Cassis – Johannisbeerlikör

für etwa 1,3 l · 1 kg Schwarze Johannisbeeren · 2–5 frische Johannisbeerblätter · 1 Ceylon-Zimtstange · 1 Gewürznelke · 1 Vanillestange · 300 g brauner Kandiszucker · 1 l Eau-de-Vie de Marc (französischer Tresterschnaps) oder Grappa

Die Johannisbeeren vorsichtig abbrausen, von den Stängeln lösen, verlesen und gut abtropfen lassen. Mit Johannisbeerblättern, Zimt, Nelke, der aufgeschlitzten Vanillestange und dem Kandiszucker in ein sauberes, sterilisiertes Glasgefäß (siehe Seite 10) mit 2–3 l Fassungsvermögen geben. Mit dem Schnaps aufgießen, verschließen und für mindestens vier, besser sechs Wochen auf einer sonnigen Fensterbank stehen lassen. Dabei ab und zu umrühren oder schütteln, sodass sich der Zucker auflöst. Durch ein feines Sieb oder Tuch abgießen, in sterilisierte Flaschen füllen und gut verschließen, kühl und dunkel lagern.

Rezept-Tipp: Die Beeren können für Marmelade weiterverwertet oder wie Rumtopf-Beeren zu Desserts genossen werden.

Birnen in Cassis

4 große, reife Birnen · 60 g Rohrohrzucker, Birnenzucker (Xylit) oder Birnendicksaft · 1 Ceylon-Zimtstange · 100 ml Crème de Cassis (siehe oben) · Rotwein

Die Birnen schälen und aufrecht in einen schmalen, hohen Topf (z. B. Milchtopf) stellen. Zucker, Zimtstange, Crème de Cassis und soviel Rotwein dazugeben, bis die Birnen knapp bedeckt sind. Aufkochen und abgedeckt für 30 Minuten auf kleinster Flamme ziehen lassen. Die Birnen entnehmen, längs vierteln, von Stielen und Kerngehäusen befreien und auf Dessertteller legen. Die Sauce weiter eindicken lassen und die Zimtstange entfernen. Die Sauce über die Birnen gießen und warm servieren. Ein köstliches Dessert für kühlere Tage oder eine raffinierte Beilage zur Käseplatte.

Rezept-Tipp: Mit den im März geernteten, getrockneten Knospen der Schwarzen Johannisbeere lässt sich Tee aromatisieren. Ihr erfrischender, herb-säuerlicher Duft erinnert an Bergamotte und wird auch in Parfüms verwendet – ist aber Geschmackssache.

Johannisbeersaft

für etwa 2 ¼ l · 2 kg Rote, Schwarze oder Weiße Johannisbeeren · 1 l reines Wasser · 500 g Rohrohrzucker

Johannisbeeren waschen, verlesen und mit Stielen in einen großen Kochtopf geben. Die Beeren mit einem Kartoffelstampfer zerdrücken und das Wasser dazugießen. Aufkochen lassen und bei mäßiger Hitze zugedeckt unter gelegentlichem Rühren fünf bis acht Minuten köcheln. Ein steriles, dünnes Baumwolltuch in ein großes Metallsieb legen, einen Topf darunterstellen. Früchte in das Sieb gießen, die Flüssigkeit im Topf auffangen, das Tuch zuletzt gut ausdrücken. Zucker in den Saft rühren und nochmals aufkochen. Bei Bedarf den Schaum mit einer Schaumkelle abschöpfen und nach Geschmack weiteren Zucker hinzufügen. Den Saft heiß in sterilisierte Flaschen (siehe Seite 10) füllen und gut verschließen. Dunkel und kühl aufbewahren.

Rezept-Tipp: Der Saft lässt sich auch mit Erdbeeren, Him- oder Brombeeren zubereiten.

Rohköstlicher Fruchtaufstrich mit Johannisbeeren

für etwa 150 g · 100 g Schwarze, Rote oder Weiße Johannisbeeren · 4 Datteln · 1 Banane

Johannisbeeren waschen, gut abtropfen lassen, von den Stängeln lösen und verlesen. Mit den entsteinten, fein geschnittenen Datteln und der Banane zu einem dickflüssigen Mus pürieren. Die „rohe Marmelade" schmeckt süß-aromatisch und ist in einem sauberen, sterilisierten Glas (siehe Seite 10) einige Tage im Kühlschrank haltbar.

Rezept-Tipp: Getrocknete Blätter von Johannisbeeren sind auch für einen Haustee sehr gut geeignet (siehe Seite 29). Frische, sehr junge Blätter und Knospen werden im März/April geerntet und bereichern Salate, Suppen und Gemüsegerichte.

Einfaches Johannisbeergelee

für etwa 1,7 kg · 1250 ml Saft von roten Johannisbeeren (siehe Seite 47) · 625 g Gelierzucker (2:1) aus Rohrohrzucker (Reformhaus, Naturkostladen)

Den Saft in einem Topf mit dem Zucker mischen und aufkochen. Drei bis vier Minuten sprudelnd kochen lassen, dabei öfter umrühren. Nach erfolgreicher Gelierprobe (siehe Seite 11) den Schaum mit einer Schaumkelle abschöpfen und das Gelee kochend heiß in steriliserte Schraubdeckelgläser (siehe Seite 10) abfüllen. Die Gläser einige Minuten auf den Kopf stellen, dann in normaler Position auskühlen lassen.

Rezept-Tipps: Auf frischem Hefezopf schmeckt das Gelee besonders gut, es passt aber auch zu kräftigem Käse. Pikante, warme Saucen lassen sich durch den süßsauren Geschmack des Gelees raffiniert verfeinern. In einem Säckchen oder Teesieb Gewürze nach Geschmack mitkochen, z. B. Piment, Zimt, Kardamom oder Koriander. Eine erfrischende Note bekommt das Gelee durch mitgekochte, frische oder getrocknete Minzeblätter (Minze entweder fein zerkleinern oder ganz lassen und nach dem Kochen wieder entnehmen).

Edles Johannisbeergelee

für etwa 1,7 kg · 2 Hand voll stark duftende Blütenblätter der Heckenrose oder von Duftrosen, ungespritzt · 20–30 Safranfäden · 1250 ml Johannisbeersaft (siehe Seite 47) · 25 g Gelierzucker (2:1) aus Rohrohrzucker (Reformhaus, Naturkostladen)

Die abgezupften Blütenblätter über Nacht im Saft ziehen lassen. Am nächsten Tag mit Safran und Gelierzucker in einem Topf aufkochen. Drei bis vier Minuten sprudelnd kochen lassen, dabei öfter umrühren. Nach erfolgreicher Gelierprobe (siehe Seite 11) den Schaum mit einer Schaumkelle abschöpfen. Gelee kochend heiß in steriliserte Schraubdeckelgläser (siehe Seite 10) abfüllen, einige Minuten umdrehen und dann in normaler Position auskühlen lassen.

Rezept-Tipps: Alternativ Holunderblüten von nicht gewaschenen Dolden abzupfen und mit erhitztem Johannisbeersaft übergießen. Abgedeckt über Nacht ziehen lassen, in ein Sieb abgießen und zu Gelee verarbeiten. Wird die Hälfte der Beeren unreif geerntet, kann statt Gelierzucker einfacher Rohrohrzucker verwendet werden, da die unreifen Beeren einen hohen Pektingehalt besitzen. Allerdings ist dann auch der Gehalt an sekundären Pflanzeninhaltsstoffen wie den Anthocyanen geringer. Wem die Zuckermenge zu hoch ist, kann zusätzlich natürliche Gelierhilfen wie Apfelpektin, Agar-Agar und Pfeilwurzelmehlstärke verwenden (Naturkost- und Reformwarenhandel).

Mahonie

Mahonia aquifolium

Porträt

Der kleine, immergrüne Strauch namens Mahonie ist ein Neuzugang in unserer Flora. Er stammt ursprünglich aus dem Nordwesten der heutigen USA. Sein englischer Name „Oregon Grape" verweist auf die Herkunft: die „Traube Oregons", wo die Mahonie bis heute die offizielle Staatsblume ist. Der Ethnobotaniker Wolf-Dieter Storl berichtet über die spannende Geschichte der Pflanze: Offiziell heißt es, dass die Mahonie am 11. April 1806 auf einer vom amerikanischen Präsidenten Jefferson angeordneten Exkursion im Kaskadengebirge des heutigen Staates Oregon entdeckt wurde. Wahrscheinlich war es aber so, dass die „Entdecker" Captain Lewis und Clarke sich die Pflanze zeigen ließen – von einer kundigen Indianerfrau („Sacagawea": Vogelfrau) vom Stamm der Shoshonen. Sie begleitete die weißen Männer auf ihrer gefährlichen Reise, vermittelte, dolmetschte und erklärte ihnen, welche Pflanzen genießbar und heilkräftig sind. Die Forscher der jungen Republik der Vereinigten Staaten sammelten auf ihrer Expedition mehrere hundert „neue" Tierarten und 1700 Pflanzenarten. Nach Möglichkeit brachten sie lebende Belege, Samen oder Wurzeln in die Heimat zurück, darunter auch die Samen der Mahonie. Sie wurden dem Botaniker MacMahon übergeben, einem Freund des Präsidenten. Er kultivierte den Strauch in seinem privaten botanischen Garten bei Philadelphia und handelte später auch als erster mit den gewonnenen Samen. Wie man heute weiß, umfasst die nach ihm benannte Gattung der Mahonien etwa 70 Arten, ihr Verbreitungsschwerpunkt liegt in Nord- und Südamerika, Ostasien und dem Himalaja. Die Pflanze gehört zur Familie der

Sauerdorngewächse (*Berberidaceae*), zu der auch unser heimischer Sauerdorn gezählt wird (siehe Kapitel „Sauerdorn" in Band 3 „Köstliches von Hecken und Sträuchern"). Erst um 1825 gelangte die Mahonie nach Europa. Der imposante, exotisch anmutende Kleinstrauch mit den immergrünen, lackartig glänzenden Blättern und den auffallend hellgelben, stark duftenden Blüten fand schnell Eingang in die Ziergärten des gehobenen Bürgertums und Adels. Erst um 1900 wurde die Mahonie auch in den Haus- und Bauerngärten sowie auf Friedhöfen gepflanzt. Heute wächst sie bei uns vor allem in Grünanlagen, Parks, entlang von Straßen und am Rand von Parkplätzen, kommt aber auch verwildert vor. Umgangssprachlich wird die Pflanze auch „Fliederberberitze" genannt – wegen der Form ihrer Blütenstände.

Wuchs und Aussehen Die Mahonie ist ein immergrüner Kleinstrauch mit aufrechtem und vieltriebigem Wuchs. Die Pflanze wird bis etwa 150 cm hoch und ungefähr ebenso breit. Die mit Stacheln bewehrten, glänzend grünen Blätter ähneln denen der ebenfalls immergrünen, einheimischen Stechplame (*Ilex aquifolium*), daher der Artname *aquifolium*. Sowohl das Holz als auch die Wurzeln sind wie beim nahe verwandten, äußerlich aber unähnlichen Sauerdorn gelb gefärbt. Im Vergleich besitzt die Mahonie keine Dornen an den Trieben. Die Blätter stehen wechselständig am Zweig, sind 6–8 cm lang, oberseits glänzend dunkelgrün und unterseits etwas heller. Der Rand der ledrig harten Blätter kann stark gewellt sein. Jeweils 5–13 Teilblätter bilden ein Fiederblatt, das ingesamt etwa 30 cm lang wird. Der Austrieb ist kupferfarben; Blätter, die im Winter starker Sonneneinstrahlung ausgesetzt sind, werden violettbraun. Die stark duftenden Blüten erscheinen im April/Mai, sind leuchtend hellgelb und stehen in aufrechten Trauben. Die einzelnen Früchte der Trauben sind bis zu 1 cm dicke, rundliche Beeren, dunkelviolett bis schwarz gefärbt und hellblau bereift. Sie enthalten zwei bis fünf rotbraune Samen.

***Typisch:** Aufgrund der ähnlichen Blätter kann die Mahonie mit der einheimischen Stechpalme (Ilex aquifolium) verwechselt werden. Diese kann jedoch bis zu 8 m hoch werden. Eindeutig unterscheidbar ist die Farbe der Früchte: Die Beeren der Stechpalme sind leuchtend rot gefärbt, die der Mahonie sind dunkelviolett und hellblau bereift.*

Charakteristische Inhaltsstoffe und Heilwirkungen Die genauen Inhaltsstoffe der Beeren sind bis heute nicht bekannt. Sie werden allgemein als sehr Vitamin-C-reich beschrieben; genaue Mengenangaben sind jedoch nicht verfügbar. Auch der Gehalt an verschiedenen Mineralstoffen, Spurenelementen und anderen wertvollen Vitalstoffen wie den antioxidativ wirksamen Anthozyanen und Prozyanidinen (blauer Beerenfarbstoff), Fruchtsäuren und Gerbstoffen ist augenscheinlich, aber bislang nicht untersucht. In der traditionellen Heilkunde der Indianer wird die Rinde der Mahonie als Heilmittel genutzt, besonders zur Stärkung des Verdauungssystems, bei Leber- und Gallebeschwerden, Durchfällen und zur Behandlung von hartnäckigen Hautkrankheiten wie der Schuppenflechte (Psoriasis). Dazu werden Abkochungen, Tinkturen und Salben zur äußerlichen Behandlung der Haut hergestellt. Auch in der modernen Naturheilkunde werden Zubereitungen aus der Mahonienrinde erfolgreich zur äußerlichen Behandlung von leichter bis mittelschwerer Schuppenflechte, bei Akne und Hautausschlägen verwendet.

Achtung: *Wurzel, Rinde und Holz der Mahonie gelten als schwach giftig und dürfen nur unter fachkundiger Aufsicht eines Heilpraktikers oder naturheilkundlich erfahrenen Arztes genutzt werden. Die an Fruchtsäuren reichen Beeren sind ein sanftes, aber wirksames Abführmittel. Auch in den enthaltenen Kernen finden sich geringe Mengen an schwach giftigen Alkaloiden. Die rohen Beeren verursachen beim Verzehr größerer Mengen Magenverstimmungen und Brechdurchfall. Achtet man jedoch beim Genuss der rohen Beeren darauf, die Kerne nicht zu zerbeißen oder siebt man diese bei gekochten Zubereitungen aus, steht dem Verzehr normaler Mengen nichts mehr im Wege (siehe Rezepte)!*

Vorkommen und Standortansprüche Das natürliche Vorkommen der Mahonie liegt im westlichen und pazifischen Nordamerika (vor allem in Oregon, Washington, British Columbia). Hier wächst der Kleinstrauch im Unterholz auf nährstoffreichen, feuchten Böden. In Deutschland gilt der Strauch in weiten Teilen von

Rheinland-Pfalz, Nordrhein-Westfalen, Thüringen, Sachsen, Sachsen-Anhalt sowie in Franken als eingebürgert und kommt hier auch verwildert in freier Natur vor. Hinsichtlich ihrer Standortansprüche ist die Mahonie sehr anspruchslos und anpassungsfähig: Sie gedeiht sowohl in voller Sonne als auch im Schatten, auf trockenen sowie auf feuchten Böden. Der pH-Wert sollte sauer bis neutral, maximal schwach kalkhaltig (alkalisch) sein. An trockenen Standorten ist ein halbschattiger oder schattiger Platz von Vorteil.

Erntetipps

Um in den Genuss der wertvollen Inhaltsstoffe zu gelangen, lässt man auch die Früchte der Mahonie voll ausreifen. Da die Beeren lange an den Trauben hängen bleiben und erst im späten Herbst abzufallen beginnen, besteht keine Eile. Die beste Erntezeit ist im September/Oktober. Auch später kann man noch ernten, was jedoch durch das Aussortieren von bereits verschrumpelten oder verdorbenen Beeren erschwert wird. Weil die Beeren ausfärben und druckempfindlich sind, schneidet man die ganzen Trauben mit einer Gartenschere ab und lässt diese für einige Stunden tiefgefrieren. Dann können Sie die Früchte leicht abstreifen und weiterverwerten.

Anbau im Garten Die Mahonie ist als „Neuzugang" (Neophyt) in unserer Flora inzwischen in das mitteleuropäische Ökosystem integriert: Ihre zahlreichen Beeren sind bei den hier überwinternden Vögeln als Winterfutter sehr beliebt; die hellgelben Blüten sind eine frühe und ergiebige Bienenweide. Ihr Anbau ist daher auch unter ökologischen Gesichtspunkten vertretbar und dank der wenig spezifischen Standortansprüche völlig unkompliziert. Da die Mahonie auch mit dem Wurzeldruck und dem Schatten großer Bäume gut zurechtkommt, ist der kleinwüchsige Strauch eine hervorragende Unterpflanzung. Aufgrund der stacheligen Blätter eignet er sich jedoch nicht unbedingt für eine Sitzecke. *Mahonia aquifolium* ist zudem sehr frosthart (bis -27 °C). In strengen, trocken-kalten Wintern kann sie Laub verlieren, treibt dann aber im Frühjahr wieder kräftig aus. Neben der hier vorgestellten Gewöhnlichen Mahonie können auch einige Sorten zum Anbau empfohlen werden (siehe Seite 90 ff.).

Verwendete Pflanzenteile und Erntezeit

Beeren	September/Oktober

Mahonien-Fruchtleder (*Seite 57*)

Rezepte

Mahoniensaft Dieser Beerensaft dient als Basiszubereitung für das unten beschriebene Gelee, die Fruchtsauce und das Fruchtleder. Die wertvollen sekundären Pflanzenstoffe (Anthozyane, Prozyanidine) gehen durch das Erhitzen nicht verloren, da sie Temperaturen über 100 °C überstehen. Mit einem Dampfentsafter bleiben die leicht giftigen Samen automatisch im Trester zurück. Ist kein solches Gerät vorhanden, die gewaschenen und verlesenen Beeren in einen Kochtopf geben. Bis knapp zur Oberkante mit reinem Wasser auffüllen. Bei kleiner Hitze unter Rühren kochen, bis die Früchte gleichmäßig weich sind. Die heißen Beeren durch ein engmaschiges Metallsieb, ein dünnes Tuch oder eine Flotte Lotte (Passevite) passieren. Zum Aufbewahren den Saft in sterilisierte Flaschen (siehe Seite 10) abfüllen und im Wasserbad oder Backofen bei 80–85 °C für 20 Minuten erhitzen. Diese Pasteurisierung macht den Saft bei dunkler und kühler Lagerung für mindestens ein Jahr haltbar. Alternativ zum Wasserbad den passierten Saft ein weiteres Mal mit Rohrohrzucker aufkochen (nach Geschmack 400–600 g Zucker auf 1 kg Beeren), unter Rühren einige Minuten kochen lassen und luftdicht abfüllen.

Rezept-Tipp: Ähnlich wie der Berberitzensaft (Band 3: „Köstliches von Hecken und Sträuchern") lässt sich der ungesüßte Mahoniensaft wie Zitronensaft verwenden.

Mahoniengelee

für etwa 1,3 kg · 1 l Mahoniensaft (Rezept siehe oben) · Ceylon-Zimtpulver · 500 g Gelierzucker (3:1)

Mahoniensaft in einem Topf mit Zimtpulver verrühren, den Gelierzucker dazugeben und unter ständigem Rühren zum Kochen bringen. Drei bis vier Minuten sprudelnd kochen lassen, dabei öfter umrühren. Nach erfolgreicher Gelierprobe (siehe Seite 11) in sterilisierte Schraubdeckelgläser (siehe Seite 10) abfüllen und verschließen. Die Gläser einige Minuten auf den Kopf stellen, dann in normaler Position abkühlen lassen.

Rezept-Tipp: Als Gelierzucker zu empfehlen sind Produkte aus Rohrohrzucker und Apfelpektin (im Reformhaus oder Naturkosthandel erhältlich).

Mahonien-Fruchtsauce

500 ml Mahoniensaft (siehe oben) · Ceylon-Zimtpulver · 75 ml Apfel- oder Birnendicksaft · ca. 1 g Johannisbrotkernmehl (Herstellerangaben zur Dosierung beachten)

Den Mahoniensaft in einem Topf mit Zimt und Dicksaft nach Geschmack verrühren und zum Kochen bringen. Johannisbrotkernmehl in einer Tasse mit etwas kaltem Wasser anrühren, langsam und portionsweise unter den heißen Saft mischen. Unter Rühren kochen, bis der Saft eingedickt ist.

Rezept-Tipp: Diese violett leuchtende Fruchtsauce schmeckt fruchtig-aromatisch und passt zu vielen Süßspeisen wie Milchreis, Grießbrei, Hefegebäck, Eis, Cremes oder Pudding.

Fruchtleder-Röllchen aus Mahonien-Fruchtsauce Die Mahonien-Fruchtsauce (sieh voriges Rezept) auf ein mit beschichtetem Backpapier belegtes Backblech oder auf ein mit Folie belegtes Schubfach eines Dörrgeräts geben. Eine Fruchtsauce aus 500 ml Mahoniensaft ergibt etwa ein Backblech. Die Fruchtsauce auf Blech oder Schubfach zu einer etwa 3–4 mm dicken Schicht verlaufen lassen. Im Backofen bei 50 °C und leicht geöffneter Backofentür (Holzrührlöffel einklemmen) oder im Dörrgerät trocknen lassen, bis die Masse eine gummiartige Konsistenz bekommt und sich von der Unterlage ablösen lässt. Je nach Temperatur und Belüftung dauert dies drei bis sechs Stunden. Das Fruchtleder in etwa 10 cm lange und 1–2 cm breite Streifen schneiden und jeweils zu Röllchen aufrollen.

Rezept-Tipp: Die Fruchtröllchen sind eine gesunde und leckere Alternative zu Gummibärchen. Zudem sind sie ein schönes und besonderes Mitbringsel. Unzerteilt und auf Backpapier aufgerollt, hält das Fruchtleder bis zu einem Jahr.

Chicoréesalat mit Orangen und Mahonien-Dressing

500 g Chicorée · 2 Orangen · 4 EL Mahonien-Fruchtsauce (siehe linke Seite) · 2 EL natives Olivenöl extra · Salz · Chilipulver, nach Geschmack · 1 Limette oder Zitrone, Saft

Chicorée halbieren und nach Geschmack jeweils den Strunk herausschneiden. Die Hälften quer in dünne Scheiben schneiden, waschen und vorsichtig trocken schleudern. Orangen mit einem scharfen Messer gründlich schälen und die Filets aus den Trennhäuten schneiden, den Saft dabei auffangen. Mit dem Chicorée vermengen und auf Tellern portionieren. Für das Dressing die Mahonien-Fruchtsauce mit Olivenöl, Salz, Chilipulver und Limetten- und Orangensaft verrühren und über den Salat träufeln.

Maulbeere

Morus nigra, M. alba, M. rubra

Porträt

Ein Baum mit Beeren: Die überaus süßen, aromatischen Maulbeeren sind hierzulande (noch) etwas ganz Besonderes, werden aber immer beliebter. Verwilderte Pflanzen gibt es kaum in der Natur, dafür findet man den stattlichen Baum häufiger in Parks und alten Gärten. Im Althochdeutschen wurden Maulbeeren als „Morperi" bezeichnt. Aus diesem Wort entwickelte sich später das mittelhochdeutsche Wort „Mulber" und aus diesem wiederum erst Ende des 15. Jahrhunderts der „Mulbeerbaum" sowie der uns heute geläufige Name „Maulbeere".

Die frischen Früchte sind sehr saftig und druckempfindlich, was sie für Lagerung, Transport und Handel ungeeignet macht. Sie sehen wie längliche Brombeeren aus; aus botanischer Sicht sind sie Scheinfrüchte. Die Gattung der Maulbeeren (*Morus*) umfasst insgesamt nur zwölf Arten, war jedoch für die weitaus größere Pflanzenfamilie der Maulbeergewächse (*Moraceae*) namensgebend, die aus 75 Gattungen mit rund 3000 Arten besteht. Zwei der zwölf Maulbeerarten wachsen heute durch menschlichen Einfluss auch in Mitteleuropa: die Schwarze Maulbeere (*Morus nigra*) und die Weiße Maulbeere (*Morus alba*). Beide sind essbar, süß und saftig. Die Weißen Maulbeeren bilden teilweise auch schwarze Früchte aus; diese Art wurde besonders für die Seidenraupenzucht angebaut. Bei uns verbreiteter sind die Schwarzen Maulbeeren, die aromatischer schmecken, etwas größer werden und auch hier im Mittelpunkt stehen. Als Herkunftsgebiet wird der jetzige Iran (früher: Persien) angenommen, von wo aus die Beere heute noch in getrockneter Form exportiert wird. Da die Pflanze seit der Antike überall im mediterranen und vorderasiatischen Raum als Obstbaum gepflanzt wurde, lässt sich ihre genaue Herkunft nicht mehr sicher nachvollziehen. In Europa wurde die Schwarze Maulbeere seit dem 8. Jahrhundert v. Chr. in Griechenland kultiviert. Die Römer brachten den Baum über die Alpen und förderten den Anbau der hochgeschätzten Früchte. Schließlich wurden die Maulbeeren in den Klostergärten weiterkultiviert, bevor Karl der Große ihren Anbau zu Beginn des 9. Jahrhunderts n. Chr. im ganzen Reich anordnete. Aus allen nachfolgenden Jahrhunderten finden sich Belege für den hiesigen Anbau und den Verzehr der Früchte. Im Zuge der Industrialisierung der Landwirtschaft geriet die Maulbeere jedoch fast in Vergessenheit. Heute erfreut sie sich wieder zunehmender Beliebtheit – sowohl bei Naschkatzen als auch bei Gartenliebhabern und Selbstversorgern. Neuerdings wird auch die aus Nordamerika stammende und besonders frostharte Rote Maulbeere (*Morus rubra*) im Gartenfachhandel angeboten, die ebenfalls wohlschmeckende Früchte besitzt.

Wuchs und Aussehen Die Schwarze Maulbeere wächst als kleiner bis mittelgroßer, sommergrüner Baum, der 6–15 m hoch wird. Auch die Wuchsform als großer Strauch oder am Spalier ist in Mitteleuropa üblich. Der Baum wird meist etwa ebenso breit wie hoch. In Holz, Trieben und Blättern ist ein weißer Milchsaft enthalten. Junge Zweige sind hellgrün und behaart, werden später braun und kahl, bis hin zu einer dunkelgrauen Borke mit vielen dunkelorange gefärbten Rissen im Alter. Die Blätter stehen wechselständig an den Zweigen, wachsen an einem langen Stiel (1,5–2,5 cm) und sind ei- bis herzförmig, ähnlich wie ein Lindenblatt. Sie können 6–20 cm groß werden, meist jedoch 8–12 cm. Manche Blätter sind zwei- bis dreilappig, der Blattrand ist unregelmäßig gekerbt. Besonders oben fühlen sich die dunkelgrünen Blätter sehr rau an, die Unterseite erscheint behaart und etwas heller. Im Herbst wird das Laub gelb. Die unscheinbaren Blüten sind gestielte, hängende Blütenkätzchen. Weibliche und männliche Blüten stehen getrennt am gleichen Baum und kommen im Mai/Juni. Aus den weiblichen Blüten entwickeln sich die Früchte, die sich im Juli von grünlich-weiß über rot bis hin zu einer schwarzen, reifen Frucht im August verfärben. Eine Beere wird bis zu 3 cm groß und setzt sich als Sammelfrucht aus vielen kleinen Früchten zusammen. Maulbeeren reifen nicht alle auf einmal, sondern über einen Zeitraum von vier bis sechs Wochen hinweg.

***Typisch:** Ältere Maulbeerbäume zeigen charakteristische, knollenförmige Verdickungen am Stamm, ein insgesamt knorriges Aussehen und eine breit entwickelte Krone.*

Charakteristische Inhaltsstoffe und Heilwirkungen Maulbeeren enthalten zahlreiche Vitamine, darunter das wertvolle B_3, wichtige Mineralstoffe wie Kalzium, Magnesium und Kalium sowie Spurenelemente wie Eisen und Zink. Sie besitzen reichlich Zucker, jedoch keine Fruchtsäuren. Da auch Gerbstoffe und ätherische Öle fehlen, schmecken die Früchte vor allem süß. Auch antioxidativ wirksame Polyphenole sind enthalten (Resveratrol). Maulbeeren gelten heute nicht als Heilpflanzen, werden jedoch von vielen großen Kräuterkundigen empfohlen, darunter auch Hippokrates. Seit der Römerzeit werden die Beeren in Form von Sirup („Diamoron", siehe Seite 62) als schleimlösendes Mittel bei Halsentzündungen und Husten genutzt, auch bei Fieber (schweißtreibend) und zur Verdauungsförderung. Der Sirup findet sich schon in den Schriften des Horaz (40 v. Chr.) und bei Hildegard von Bingen (um 1100). Maulbeerblätter sind neuen Studien zufolge ein wirksames natürliches Heilmittel bei Altersdiabetes, Arteriosklerose und hohem Blutdruck.

Vorkommen und Standortansprüche Aus Zeiten der Seidengewinnung finden sich heute noch in Brandenburg alte, lückenhafte Alleen mit Weißen Maulbeeren. Auch auf Friedhöfen kann man bis zu 300 Jahre alte Exemplare entdecken. Als die Seidenraupenzucht wegen einer Raupenkrankheit nach 1854 aufgegeben wurde, pflanzte man kaum noch neue Bäume an. Die Schwarze Maulbeere findet man dagegen relativ häufig in Parkanlagen, wo sie wegen ihres gedrungenen, knorrigen Wuchses gerne als Zierbaum gepflanzt wird. Die Bäume brauchen einen vollsonnigen, warmen und möglichst geschützten Standort. In Mitteleuropa sind sie in Weinbaugegenden frosthart, können aber auch in nördlicheren Gefilden an geschützten Standorten erfolgreich angebaut werden. Hier ist ein Schutz gegen eisige Winde aus Nord und Ost durch Gebäude, eine Hauswand oder hohe Bäume zu empfehlen. Schwarze Maulbeeren lassen sich auch attraktiv am Spalier an einer Hauswand ziehen. In kühleren Regionen kann man auf die frosthärtere Weiße Maulbeere ausweichen; für beide Arten werden jedoch mittlerweile im Fachhandel einige ausreichend frostharte Sorten angeboten. Ideal für die anpassungsfähigen Maulbeeren sind leichtere, tiefgründige, kalkhaltige und gut durchlässige Böden mit einem Sandanteil. Die Bäume sind relativ unempfindlich gegenüber Trockenheit.

Erntetipps

Maulbeeren fallen im vollreifen Zustand schnell vom Baum ab. Das macht man sich bei der Ernte zunutze, indem die reifen Beeren einfach aufsammelt werden. Erleichtert wird dies, wenn Sie eine Folie unter den Baum legen und den Baum schütteln – wobei allerdings auch einige unreife Beeren abfallen können. Zum Transport der saftigen

Früchte eignen sich dicht schließende Vorratsdosen, keine Stoffbeutel oder Körbe. Die Früchte sind kaum lagerfähig und werden am besten sofort weiterverarbeitet. Sie haben eine enorme Farbkraft, daher bei der Ernte alte Kleidung und Handschuhe tragen.

Anbau im Garten Ein Maulbeerbaum braucht Platz, kann aber durch Rückschnitt und die Wahl niedrig bleibender Sorten relativ klein bleiben. Je nach Standort ist auch eine besonders frostharte Sorte sinnvoll (siehe Seite 90 ff.). Alle drei hier vorgestellten Maulbeerarten sind in größeren Baumschulen oder im Versandfachhandel erhältlich. Die Pflanzen werden ausschließlich vegetativ vermehrt: Dazu im zeitigen Frühjahr bereits mit Knospen besetzte Triebe als Steckhölzer abschneiden (ca. 30 cm lang) und in mit sandiger Erde gefüllte Töpfe pflanzen, sodass mindestens zwei Knospen in der Erde stecken. Mäßig, aber gleichbleibend feucht halten (Fäulnisgefahr). Anfangs muss zur Bildung eines Stammes der Leittrieb an einem Stock aufgebunden werden, die Seitenzweige werden entfernt. Danach sind keine weiteren Pflegeschnitte mehr nötig – es sei denn, man will das Wachstum im Zaum halten. In den ersten Jahren empfiehlt sich das Mulchen mit Laub oder Holzhäcksel als Winterschutz. Die Bäume am besten in bepflanzte Flächen setzen, weil sie auf Bodenbelägen oder Gehwegplatten hartnäckige blaue Flecken hinterlassen. Befall und Krankheiten kommen bei den robusten Bäumen kaum vor.

Verwendete Pflanzenteile und Erntezeit

Beeren	August/September

Rezepte

Die Rezepte eignen sich zur Verarbeitung von Früchten der Schwarzen, Weißen und Roten Maulbeere.

„Diamoron" – Maulbeerensirup 1 kg reife Maulbeeren in einer Saftpresse zu etwa 750 ml Saft auspressen. Den Saft zum Kochen bringen und auf kleiner Flamme etwas eindicken lassen. Bis auf 500 ml Saft bei sanfter Hitze ohne Deckel reduzieren lassen, dabei gelegentlich umrühren. Dann 250 g Honig unterrühren, noch heiß in eine sterilisierte Flasche (siehe Seite 10) abfüllen und fest verschließen. Kühl und dunkel lagern.

Rezept-Tipp: Alle Maulbeeren schmecken kräftig süß, besonders die weißen Sorten (schwarze sind dafür aromatischer). Die Beeren und der Sirup lassen sich sehr gut als alternatives Süßungsmittel verwenden, etwa bei der Zubereitung von Smoothies.

Waldbeerenmüsli mit Maulbeeren Die fruchtig-säuerlichen Aromen von Beerenfrüchten und die Süße der Maulbeeren ergänzen sich perfekt. Dazu im Jahresverlauf Beeren nach Wahl (Erdbeeren, Himbeeren, Brombeeren und Heidelbeeren) ernten und jeweils in rohköstlicher Qualität trocknen, ebenso die Maulbeeren: entweder in einem Dörrapparat oder je nach Fruchtgröße klein geschnitten bei 50 °C mehrere Stunden im leicht geöffneten Backofen (Holzrührlöffel einklemmen). Gemischte Beeren zu zwei Dritteln mit einem Drittel Maulbeeren verwenden. Dazu kommen Dinkelflocken, Haferflocken, Leinsamen, Mandeln, Haselnüsse und Walnüsse nach Geschmack. Alles vermischen und luftdicht, kühl, dunkel und trocken lagern.

Rezept-Tipp: Probieren Sie Ihr Müsli doch einmal mit einer pikanten Gewürzmischung, die den Stoffwechsel anregt: gemahlener Ingwer, Kardamom, Zimt und etwas Chili.

Maulbeerkompott (nach Henriette Davidis, 1875, bekannte Kochbuchautorin des 19. Jahrhunderts)
1 unbehandelte Bio-Zitrone · 500 g Schwarze Maulbeeren (auch Weiße oder Rote) · 2 Zitronen, Saft · 350 ml reines Wasser · 250 g Rohrohrzucker oder Apfeldicksaft (siehe Tipp) · 1 g Johannisbrotkernmehl

Die Zitronenschale in hauchdünne Streifen (Zesten) schneiden: entweder mit einem Zestenreißer oder mithilfe eines Kartoffelschälers die Zitronenschale ohne das Weiße dünn ablösen und mit einem scharfen Küchenmesser in feine Streifen schneiden.
Die Maulbeeren bei Bedarf vorsichtig waschen. Zesten mit Zitronensaft, Wasser und Zucker aufkochen, die Maulbeeren dazugeben und kurz darin weich garen. Die Beeren mit einem Schaumlöffel herausheben, den Saft ohne Deckel bei sanfter Hitze unter gelegentlichem Rühren mit Johannisbrotkernmehl eindicken lassen. Mit den Früchten vermischen und servieren. Zum Aufbewahren luftdicht in sterilisierte Gläser (siehe Seite 10) abfüllen, kühl und dunkel lagern.

Rezept-Tipp: Da reife Maulbeeren von Natur aus sehr süß sind, lässt sich die Menge an Zucker nach Geschmack auf etwa 100 g reduzieren.

Feuriger Paprikasalat mit Maulbeeren
2 rote und 2 gelbe Gemüsepaprika · 1 Bund Gierschblätter oder glattblättrige Petersilie · 2 Schalotten · 150 g Maulbeeren · 4 EL natives Olivenöl extra · 2 Limetten oder Zitronen, Saft · 1 TL Chilisauce (z. B. Tabasco) oder Sambal (z. B. Oelek) · Salz · 1 EL Apfel- oder Birnendicksaft

Die Paprika waschen, Strunk, Kerne und Trennwände entfernen. Paprika in feine Streifen schneiden. Gierschblätter waschen, trocken tupfen und fein schneiden. Schalotten schälen, in feine Ringe schneiden. Maulbeeren bei Bedarf vorsichtig abbrausen, verlesen, Stiele entfernen und gut abtropfen lassen. Mit Paprika, Giersch und Schalotten in eine Salatschüssel geben und vorsichtig vermengen. Olivenöl, Limettensaft, Chilisauce, Salz und Dicksaft zu einem Dressing verrühren. Den Salat auf Tellern portionieren und das Dressing darüberträufeln.

Rezept-Tipp: In getrockneter Form werden Maulbeeren zunehmend bei uns im Handel angeboten. Sie schmecken ähnlich wie Rosinen, verlieren aber durch das Trocknen ihre Farbe und werden sandfarben bis durchsichtig. Dennoch bleiben bei rohköstlicher Trocknung alle Vitalstoffe erhalten.

Preiselbeere und Cranberry

Vaccinium vitis-idaea, Vaccinium macrocarpon

Porträt

Diese beiden Beerenarten können wegen ihres ähnlichen Aussehens, gleicher Standortansprüche und ähnlichen Inhaltsstoffen und Heilwirkungen als „Schwestern" angesehen werden – deswegen werden sie hier gemeinsam vorgestellt. Sowohl die europäische Preiselbeere als auch die nordamerikanische Cranberry gehören zur Familie der Heidekrautgewächse (*Ericaceae*). Letztere heißt auch Kranichbeere oder Großfruchtige Moosbeere. Ähnlich wie Heidelbeeren sind beide Arten hauptsächlich im hohen Norden verbreitet: Die Preiselbeere wächst vor allem in Skandinavien und Nordrussland; in südlicheren Gefilden gedeiht sie nur in den Höhenlagen von Mittelgebirge und Alpen. Die Cranberry ist in den kanadischen Provinzen Neuschottland und Neufundland zu Hause, nach Süden hin kommt sie vor allem in den feucht-kühlen Höhenlagen der Appalachen vor.

Beide besitzen für die Küchen ihrer Heimatländer traditionelle Bedeutung: In Europa sind Wildgerichte ohne die klassische, halbierte und mit Preiselbeeren gefüllte Birne nicht komplett. Ebenso ist in Nordamerika das große Truthahnessen zu Thanksgiving ohne Cranberriesauce unvorstellbar. Die Cranberry ist ein Symbol für das leider nur kurzzeitig friedliche Zusammenleben der Siedler mit der indianischen Urbevölkerung. Die ersten Pilger, die 1620 mit dem Schiff „Mayflower" in Massachusetts anlandeten, waren in der neuen, fremden Welt vom Hungertod bedroht. Von den Indianern lernten sie die heimischen essbaren Wildpflanzen und damit auch die Cranberries kennen. 1621 feierten die Pilgerväter schließlich ihr Überleben, zusammen mit ihren indianischen Rettern. Das Festmahl zum dreitägigen Erntedankfest bestand aus Truthahnbraten, Cranberries, Maisbrot und Kürbisgemüse – und war die Geburtsstunde für das heute bedeutsamste Fest in den USA: Thanksgiving. Der indianischen Urbevölkerung waren Cranberries bereits als Medizin, Färbemittel und als Konservierungsmittel für Fleisch bekannt. Die moderne Naturwissenschaft fand viel später die Benzoesäure in den Beeren, die heute künstlich hergestellt und in der Nahrungsmittelindustrie zur Konservierung eingesetzt wird.

Bei der Ernte von Cranberries macht man sich zunutze, dass die Beeren innen vier Luftkammern aufweisen und auf dem Wasser schwimmen. Sie werden maschinell von den Pflanzen abgeschlagen; dann werden die von Dämmen umgebenen Felder geflutet. Die Beeren lassen sich nun einfach von der Wasseroberfläche abschöpfen. Der Anbau und die Züchtung von Preiselbeeren sind in Europa dagegen stark rückläufig. Die aufwendige und damit teure Ernte der kleinen Beeren an den niedrigen Büschen gelingt nur in Handarbeit. Sie werden mithilfe von Metallkämmen von den Pflanzen gelöst und anschließend aussortiert. In Nordosteuropa werden dagegen große Mengen an Preiselbeeren in Wildsammlungen geerntet und exportiert.

Wuchs und Aussehen Im Unterschied zur Heidelbeere sind die Zwergsträucher von Preiselbeere und Cranberry immergrün, behalten ihre Blätter also auch im Winter. Beide Arten wachsen als niedrige, reich verzweigte Sträucher, die meist nur bis 20 cm, selten bis zu 30 cm hoch werden. Die Blätter verbleiben mehrere Jahre an den Pflanzen: Sie sind etwa 1–2 cm lang, ledrig, glänzend dunkelgrün und an den Rändern leicht nach unten eingerollt. Die größten sichtbaren Unterschiede zwischen beiden Arten gibt es bei Blüten und Früchten: Die Blüten der Preiselbeere sind kleine, nickend hängende, weißrosa gefärbte Glöckchen, die in Trauben zusammenstehen. Die erste Blüte erscheint im Mai, eine zweite folgt im Juli. Cranberries blühen im Juni; ihre Blüten erinnern mit ihren vier länglichen, weit nach hinten zurückgeschlagenen Blütenblättern und den langen Staubgefäßen an Kopf und Schnabel eines Kranichs. Aus diesen einzeln stehenden, weißrosafarbenen Blüten wachsen bis zum Herbst die „Kranichbeeren" heran. Diese sind leuchtend rot gefärbt, kugelig bis oval geformt und 1–2 cm groß. Typisch für die Cranberry sind die vier Luftkammern im Inneren der Beere (siehe oben). Preiselbeeren sind ebenfalls leuchtend rot, immer kugelrund und etwas kleiner (0,5–1 cm), ungefähr erbsengroß. Beiden Früchten gemeinsam ist ihre außen knackige und innen mehlige Konsistenz. Sie schmecken jeweils eigen, sind aber beide in rohem Zustand etwas bitter, leicht zusammenziehend und herb. Die Pflanzen leben in enger Symbiose mit Mykorrhizapilzen, die ihnen bei der Aufnahme von Nährstoffen behilflich sind. Sowohl Cranberries als auch Preiselbeeren vermehren sich nicht nur über Samen, sondern auch sehr erfolgreich über Wurzelausläufer – wobei sich dichte, bodendeckende Bestände ausbilden können.

Typisch: *Ein gutes Erkennungszeichen der Preiselbeere sind ihre hellgrünen Blattunterseiten, die mit kleinen dunklen Punkten (Drüsenhaaren) versehen sind. Cranberries dagegen entwickeln die ausgeprägten „Kranichkopfblüten".*

Charakteristische Inhaltsstoffe und Heilwirkungen Beide Beerenarten besitzen keine spektakulären, aber recht ansehnliche Mengen an verschiedenen Vitaminen, Mineralstoffen und Spurenelementen. Die dagegen reichlich enthaltenen sekundären Pflanzenstoffe (v.a. Flavonoide wie Anthozyane und Proanthozyane) sind antioxidativ wirksam und stärken das gesamte Immunsystem (siehe Seite 8 ff.). Zudem werden sie vorbeugend gegen Harnwegsinfekte wie Blasen- oder Nierenbeckenentzündung eingesetzt. Diese Wirksamkeit ist für Preiselbeeren offiziell nachgewiesen; auch die Blätter werden gerne in Blasen- und Nierenteemischungen verwendet. Obwohl für Cranberries kein wissenschaftlich anerkannter Nachweis vorliegt, wird auch ihr Saft gegen Blasenentzündung genutzt. Auch Zahnbelag soll mit Cranberries reduziert werden können. Die Indianer verwendeten den Saft, um Wunden auszuwaschen sowie für Umschläge und Auflagen, um Pfeilgift aus Verletzungen zu ziehen.

Vorkommen und Standortansprüche Preiselbeeren gedeihen von Natur aus an Standorten mit sauren, an Rohhumus reichen und feuchten Böden. Diese Bedingungen finden die Pflanzen in ihrem Hauptverbreitungsgebiet in Nordeuropa und im Norden Russlands, in den Tundren und nördlichen Nadelwäldern. In Mitteleuropa gibt es ähnliche Verhältnisse nur relativ kleinräumig in den Heidelandschaften Norddeutschlands, am Rand von Hochmooren und in den Hochlagen der Mittelgebirge mit kalkarmem Gestein (wie Schwarzwald, Harz, Thüringer Wald, Bayerischer Wald). In den Alpen stehen Preiselbeeren im Unterwuchs subalpiner Nadelwälder und in alpinen Zwergstrauchheiden auf Höhen von 1600–2400 m. Preiselbeeren wachsen nicht in dichten Wäldern, sondern ausschließlich in sonnigen, lichten, parkähnlichen Baumbeständen. Die Heimat der Cranberries wiederum liegt in den Neuenglandstaaten an der Ostküste der USA und in den nördlich angrenzenden kanadischen Provinzen. Hinsichtlich des Standorts stellen Cranberries genau dieselben Ansprüche wie ihre „Schwestern", die Preiselbeeren.

Ernte- und Sammeltipps

Cranberries haben sich bei uns in einigen wenigen Moorgebieten „eingebürgert", sollten dort aber nicht gesammelt werden! Für einen Reifetest schneidet man eine Frucht auf: Wenn sie innen nicht mehr grün, sondern rötlich gefärbt ist, ist sie erntereif. Bei der Ernte von wilden Preiselbeeren ist wie bei Heidelbeeren der Einsatz von Metallkämmen verboten. Da Preiselbeeren oft in geschützten Landschaften wie in Heiden oder am Rand von Hochmooren wachsen, muss man sich vor dem Sammeln vergewissern, dass man sich nicht in einem Naturschutzgebiet bewegt. Preiselbeeren reifen meistens nicht gleichzeitig aus – achten Sie darauf, nur komplett rot gefärbte Beeren zu pflücken. Sie sind hartschalig, sodass bei der Ernte kein Saft ausläuft. Aus diesem Grund kann man die Beeren auch gut transportieren und gekühlt etwa eine Woche aufbewahren.

Anbau im Garten Preiselbeeren und Cranberries mögen wie Heidelbeeren einen möglichst sonnigen Standort mit einem sauren, humosen, gut durchlässigen und feuchten bis wechselfeuchten Boden. Für den Anbau im Garten ist die Anlage eines Moorbeetes erforderlich (siehe Seite 35). An Plätzen, wo Heidelbeeren, Rhododendren und Azaleen gedeihen, können auch Preiselbeeren und Cranberries gut kultiviert werden. Allerdings sind beide Arten empfindlich gegenüber Staunässe und Spätfrösten. Bei Temperaturen unter -20 °C ohne eine isolierende Schneedecke sind sie mit Reisigzweigen oder einem Vlies zu schützen. Falls die Triebe bei Kahlfrost zurückfrieren, können sich die Pflanzen durch neue Austriebe gut regenerieren. Die Vermehrung erfolgt am einfachsten durch das Abtrennen und Verpflanzen von Wurzelausläufern. Pflegeschnitte sind nicht notwendig, lediglich das Entfernen zurückgefrorener und abgestorbener Ästchen nach dem Winter.

Verwendete Pflanzenteile und Erntezeit

Preiselbeere	erste Ernte: Juli, zweite Ernte: Oktober
Cranberry	September bis November

Rezepte

Aufstrich mit Preiselbeeren und Cranberries

für etwa 400 g · 50 g Buchweizengrütze (Naturkosthandel, Reformhaus) · 100 ml reines Wasser · Salz · 1 Zwiebel · 2 Knoblauchzehen · 2 EL natives Kokosöl · 100 g Räuchertofu · 80–100 g Preiselbeeren oder Cranberries · 2 EL rohes Palmöl · 4 EL natives Kokosöl · Salz, Pfeffer · Thymian, Majoran · etwas Zitronensaft · 1 TL Apfel- oder Birnendicksaft

Buchweizengrütze im Wasser mit etwas Salz aufkochen lassen, zwei Minuten köcheln und auf niedrigster Stufe 15–20 Minuten zugedeckt ausquellen lassen. Zwiebel und Knoblauch schälen und fein würfeln, in einer Pfanne mit 2 EL Kokosöl glasig anschwitzen. Räuchertofu klein würfeln, Preiselbeeren waschen, verlesen und gut abtropfen lassen. Die gegarte Buchweizengrütze zusammen mit Zwiebel- und Knoblauchwürfeln und allen restlichen Zutaten zu einem cremigen, pastenartigen Aufstrich pürieren. Bei Bedarf die Konsistenz durch etwas Wasser oder Olivenöl flüssiger bzw. durch Speisestärke fester machen. In gekühltem Zustand wird der Aufstrich noch etwas fester. In einem sauberen Schraubdeckelglas hält sich der Aufstrich gekühlt etwa vier Tage.

Rezept-Tipp: Preiselbeeren und Cranberries besitzen sehr viel Pektin: Beim Einkochen von Marmelade kann man deswegen auf Gelierzucker verzichten! Stattdessen verwendet man dieselbe Menge an Rohrohrzucker und lässt länger einkochen, bis die Konsistenz stimmt. Die in beiden Früchten enthaltene Benzoesäure sorgt zusätzlich für eine gute Haltbarkeit.

Tomatensauce mit Cranberries

1 rote Zwiebel · 2 Knoblauchzehen · 3 EL Olivenöl · 500 ml passierte Tomaten · Salz, Pfeffer · 1 rote Chilischote, nach Geschmack · 2 EL rotes Johannisbeergelee (siehe Seite 48) · 100 g getrocknete Cranberries

Zwiebel und Knoblauch schälen, fein würfeln und im erhitzten Olivenöl anschwitzen. Mit passierten Tomaten ablöschen, salzen und pfeffern. Die Chilischote putzen, waschen und in kleine Ringe schneiden. Mit dem Johannisbeergelee und den grob gehackten Cranberries in die Tomatensauce geben. Mindestens fünf Minuten auf kleiner Flamme zugedeckt köcheln lassen und nochmals mit Salz abschmecken. Die Sauce passt gut zu Pasta und Gnocchi.

Dessertsauce mit Preiselbeeren

500 g Preiselbeeren oder Cranberries · 100 ml Wasser, kochend heiß · ½ Zitrone, Saft · 5 EL Ahornsirup · 1 unbehandelte Bio-Orange, Schalenabrieb

Preiselbeeren waschen, verlesen und in einen Topf geben. Mit dem heißen Wasser übergießen und fünf Minuten ziehen lassen (nicht kochen!). Zitronensaft, Ahornsirup und Orangenabrieb zu den Beeren geben und alles pürieren.
Diese Fruchtsauce ist im Kühlschrank etwa drei Tage haltbar. Zum längerfristigen Aufbewahren die Sauce nach dem Pürieren aufkochen und heiß in sterilisierte Schraubdeckelgläser (siehe Seite 10) abfüllen. Sie passt hervorragend zu Pfannkuchen (siehe Seite 89), Quarkspeisen und Joghurt.

Schneeball

Viburnum opulus

Porträt

Der Gewöhnliche Schneeball ist in unseren Gärten, Parks und auch in Bauerngärten eine beliebte Zierpflanze – besonders die duftenden Sorten mit den großen, gefüllten, kugeligen Blütenpompons. Diese auffällige Blütenpracht wird jedoch nicht von Beeren gekrönt; das gilt nur für die wilde Form des Schneeballs, der gerne in Ufernähe oder am Waldrand wächst. Mit seinen flachen, cremeweißen, bis zu 12 cm großen Blütenständen kann er sich aber auch in jedem Ziergarten sehen lassen. „Viburnum" leitet sich wohl vom lateinischen „viere" (binden, flechten) ab und bezieht sich auf seine biegsamen Zweige. „Opulus" hieß der Feldahorn bei den Römern und charakterisiert seine ahornähnlichen Blätter. Wie der Schwarze Holunder (Porträt siehe Band 3: „Köstliches von Hecken und Sträuchern") gehört der Schneeball mittlerweile zur Familie der Moschuskrautgewächse (*Adoxaceae*). Früher wurde der Strauch zu den Geißblattgewächsen (*Loniceraceae*) gezählt. Mit diesem gemein hat der „Wasserholunder", wie der Schneeball auch genannt wird, eine gewisse Ähnlichkeit und die schwache Giftigkeit der rohen Beeren: Erhitzt und gesüßt werden daraus aber gesunde und hocharomatische Köstlichkeiten!

Der Gemeine Schneeball gedeiht weitverbreitet in ganz Europa sowie in West- und Nordasien, auch der Wollige Schneeball (*V. lantana*) ist bei uns heimisch. In Mitteleuropa sind die leuchtend roten Beeren kaum als essbar bekannt; der Schneeball wird vielmehr als schöner, aber giftiger Strauch angesehen. Ganz anders bewertet man die Pflanze in Osteuropa, besonders in Russland: Hier genießt der Gewöhnliche Schneeball ein hohes Ansehen, wird in vielen Liedern besungen und in Gedichten umschwärmt. Von alters her ist er Bestandteil der ländlichen Esskultur und Volksmedizin. Die Beeren des „Kalina", so sein russischer Name, sind hervorragend dazu geeignet, die schlechte Vitaminversorgung im harten russischen Winter auszugleichen. Traditionell werden die Wildfrüchte zur Herstellung von Süßspeisen, Kuchen, Säften und Konfitüren verwendet. Der Kalina ist in der russischen Volkskultur ein Symbol für Güte, Liebe und das Familienleben. Auch bei traditionellen Hochzeitsfeiern spielt der Strauch eine wichtige Rolle: Seine Blüten schmücken den Brautkranz und den Hochzeitstisch; der Bräutigam bekommt teilweise von seiner zukünftigen Frau ein Handtuch geschenkt, bestickt mit Blättern und Früchten des Schneeballs.

Wuchs und Aussehen Der Schneeball kann 4 m, seltener auch 6 m hoch werden. Die Sträucher wachsen breit ausladend und locker verzweigt. Ältere Exemplare bilden leicht überhängende Zweige aus und besitzen dann eine sehr zierreiche Wuchsform. Die Pflanze ist raschwüchsig und sehr vital; schon ein tief in den Boden gesteckter Zweig bewurzelt neu. Die sommergrünen Blätter stehen gegenständig am Zweig und sehen mit ihren drei bis fünf Lappen den Ahornblättern sehr ähnlich. Die oberseits grünen und unterseits helleren, meist behaarten Blätter mit unregelmäßig gezähntem Rand werden 8–12 cm lang. Mit ihrer orange- bis ziegelroten Färbung sind sie im Herbst eine schöne Bereicherung. Die Blüten erscheinen zwischen Mai und Anfang Juni. Die cremeweißen, bis zu 12 cm großen Schirmrispen leuchten auffallend aus dem grünen Laub heraus. Die äußeren Blüten der Schirmrispen sind deutlich größer und sollen so Insekten anlocken, sind jedoch unfruchtbar. Nur aus den im inneren Kreis sitzenden, deutlich kleineren Blüten bilden sich später die leuchtend roten, glänzenden, bis zu 1 cm dicken Beeren. Werden sie nicht abgeerntet, bleiben sie oft den ganzen Winter über am Strauch eine Zierde, da sie kaum Farbe verlieren. Die Pflanze vermehrt sich über Samen und Wurzelausläufer.

Typisch: Jede Beere des Schneeballs beinhaltet einen herzförmigen Steinkern – deshalb wird der Strauch im Volksmund auch „Herzbeere" genannt.

Charakteristische Inhaltsstoffe und Heilwirkungen Bei den Beeren des Gewöhnlichen Schneeballs ist vor allem der hohe Gehalt an Vitamin C bemerkenswert; er liegt höher als bei Zitronen. Ferner enthalten sind die Vitamine A, E, K und P, B-Vitamine und eine ganze Bandbreite an Mineralstoffen und Spurenelementen. Weiterhin finden sich unter anderem bis zu 32 % Invertzucker, Gerbstoffe, Flavonoide, Betacarotin, Pektin und Amygdalin. Die leicht giftigen Inhaltsstoffe Viburnin,

Butter- und Baldriansäure sorgen für den unangenehmen Geruch der frischen Beeren, der sich jedoch durch Kochen ebenso verflüchtigt wie die leichte Giftigkeit (siehe unten).

Früchte und Rinde werden volksheilkundlich und in der modernen Homöopathie gegen Bauchkrämpfe, Menstruations- und Unterleibsbeschwerden verwendet. Der homöopathische Einsatz als Wehenhemmer bei Schwangeren darf nur unter fachärztlicher Begleitung erfolgen. Die russische Volksheilkunde verwendet die Beerenabkochung zur Stärkung des Herzens und der Darmtätigkeit. Die in Honig gekochten „Dampfbeeren" werden dort bei Husten, Atemnot, Asthma, Heiserkeit und Bronchitis empfohlen. Die Abkochung soll zudem harntreibend wirken, was auch für Herzkranke wichtig ist. Äußerlich wird frisch gepresster Saft als Auflage bei Hautflechten und zur kosmetischen Behandlung bei fettiger Gesichtshaut, Akne sowie zum Bleichen von Sommersprossen und Pigmentstörungen eingesetzt.

Achtung: *Die frischen und unreifen Früchte des Gewöhnlichen Schneeballs werden teilweise als ungiftig, dann wieder als schwach giftig bis giftig beschrieben. Die Angaben sind widersprüchlich und es bestehen ganz unterschiedliche Beurteilungen. Einigkeit herrscht jedoch darüber, dass sich die bedenklichen Stoffe (v. a. Baldrian- und Buttersäure) beim kurzzeitigen Erhitzen der reifen Beeren verflüchtigen. Nimmt man unreife oder rohe Beeren zu sich, können Durchfall und Erbrechen auftreten. Der Genuss von erhitzten Zubereitungen wie Gelees, Konfitüren und Kuchen ist dagegen völlig unbedenklich!*

Vorkommen und Standortansprüche Der wilde Gewöhnliche Schneeball ist in ganz Europa bis nach Zentralasien heimisch und weitverbreitet. Der Strauch liebt feuchte Bodenverhältnisse und ist daher vor allem in Auenwäldern sowie an Fluss- und Bachufern anzutreffen. Er gedeiht aber auch in Hecken, Gebüschen und an Waldrändern. Ideal sind nährstoffreiche, humose und kalkhaltige bis neutrale Böden, wie sie für Schwemmlandböden in den Auen sowie für feuchte Laubwälder typisch sind.

Sammeltipps

Nach dem ersten Frost sind die leuchtend roten Beeren sicher reif, schmecken süßer und deutlich aromatischer – man muss sich mit der Ernte also nicht beeilen und kann durchaus den Oktober abwarten. Praktisch ist es, mit einer Gartenschere die ganzen Dolden abzuschneiden und diese zu Hause erst zu waschen und dann abzubeeren. Anschließend sind sie gleich weiterzuverarbeiten.

Anbau im Garten Die Sträucher besitzen neben den nutzbaren Früchten auch einen hohen Zierwert: Im Frühjahr schmücken die auffälligen, cremeweißen Schirmblüten den Garten, später die schöne Herbstfärbung und die leuchtend roten Beeren. Der Schneeball ist absolut frosthart, jedoch empfindlich gegenüber Sommertrockenheit und Hitze. Daher ist ein von Natur aus bodenfeuchter Standort im lichten Halbschatten zu empfehlen, beispielsweise bei großen Laubbäumen, einer Mauer oder einem Gebäude. An zu trocken-heißen Standorten und bei zu geringer Luftbewegung gerät die Pflanze unter Stress und wird leicht anfällig für einen Befall mit schwarzen Blattläusen. Mancher Gärtner empfindet diese „Gefahr" auch als Vorteil, weil der Schneeball die Blattläuse von anderen Pflanzen im Garten fernhält. Der Strauch ist sehr wuchs- und regenerationsfreudig und verträgt daher auch einen starken Rückschnitt. Das Wurzelsystem ist flach ausgebreitet, dicht verzweigt und neigt zur Bildung von Ausläufern. Behält man diese im Auge, ist der Schneeball auch für kleine Gärten gut geeignet.

Verwendete Pflanzenteile und Erntezeit

Beeren	September / Oktober

Rezepte

(aus dem Russischen nach Klara Hägelen)

Rote Grütze aus Schneeballbeeren („Kisselj")

für 4–6 Portionen · 250 g Schneeballbeeren · 50 g Speisestärke · 1 l reines Wasser · 150 g Rohrohrzucker

Die Früchte waschen und durch eine Flotte Lotte (Passevite) passieren oder in ein dünnes Baumwolltuch geben und auspressen. Den Trester mit 200 ml kochendem reinem Wasser übergießen, aufkochen lassen und nochmals durch die Flotte Lotte geben bzw. auspressen. Die beiden Flüssigkeiten in einem Topf vermischen. Die Stärke mit wenig kaltem, reinem Wasser anrühren und mit dem restlichen Wasser und dem Zucker zum Beerensaft geben. Etwa drei Minuten aufkochen, dabei ständig rühren. Den heißen „Kisselj" portionsweise in Dessertschalen gießen, abkühlen lassen und kalt servieren.

Russischer Schneeballkuchen

für 1 Springform (Ø 24 cm) · etwa 500 g Schneeballbeeren · 100 ml reines Wasser · 250 g Rohrohrucker · 2 EL Honig · 500 g Dinkelmehl, Type 1050 · ½ Würfel Frischhefe · 3 EL Apfeldicksaft · natives Kokosöl · 1 Prise Salz

Für die Kuchenfüllung die Beeren waschen, verlesen und entstielen. Mit dem Wasser, Backmalz, Zucker und Honig in einen Topf geben. Für etwa fünf Stunden bei 80–90 °C in den Backofen stellen oder auf der Herdplatte ziehen lassen, nicht kochen. Dabei werden die Beeren dunkelrot und entwickeln ein intensives, süßsaures Aroma; die Kerne werden weich. Das Dinkelmehl in eine Schüssel sieben und eine Kuhle hineindrücken. Die Hefe mit 1 EL Dicksaft in etwas lauwarmem Wasser auflösen. In die Vertiefung gießen und mit etwas Mehl darin zu einem Vorteig verrühren. Abdecken und an einem warmen Platz zehn Minuten gehen lassen. 3 EL Kokosöl mit Salz und 2 EL Dicksaft gründlich mit dem Vorteig und Mehl zu einem glatten Teig verkneten. Den Teig abgedeckt weitere 30 Minuten gehen lassen. Den Backofen auf 200–220 °C vorheizen. Die Backform fetten und mit zwei Dritteln des Hefeteigs auslegen, einen Rand hochziehen. Die abgekühlte Beerenmasse darauf verteilen und mit dem restlichen, zu einem Deckel ausgewellten Teig abdecken, die Teigränder gut zusammendrücken. Den Kuchen mit Kokosöl bestreichen und auf der mittleren Schiene 30 Minuten backen.

Fruchtaufstrich aus Schneeballbeeren Die Schneeballbeeren waschen, verlesen und abtropfen lassen. Mit kochendem Wasser übergießen und abtropfen lassen. Die weichen Beeren durch ein feines Metallsieb oder eine Flotte Lotte (Passevite) in einen Topf passieren und aufkochen lassen. Die abgekühlte Fruchtmasse mit dünnflüssigem (lauwarmem) Honig verrühren, luftdicht in sterilisierte Schraubdeckelgläser (siehe Seite 10) abfüllen und eine Woche bei Zimmertemperatur stehen lassen. Den Fruchtaufstrich im Kühlschrank aufbewahren.

Rezept-Tipp: In Russland dient dieser Fruchtaufstrich als Stärkungsmittel für den Winter; empfohlen wird ein Esslöffel pro Tag.

Süß-scharfe Sauce aus Schneeballbeeren

für etwa 700 ml · 500 g Schneeballbeeren · 400 g Rohrohrzucker · 1–2 Chilischoten · 1 Zitrone, Saft

Die gewaschenen, verlesenen Beeren in einem feinen Metallsieb mit kochendem Wasser übergießen und durch das Sieb oder eine Flotte Lotte (Passevite) passieren. Den Saft in einen Topf gießen und Zucker, fein geschnittene Chilischoten und Zitronensaft dazugeben. Kurz aufkochen und umrühren, bis sich der Zucker aufgelöst hat. In kleine, sterilisierte Schraubdeckelgläser (siehe Seite 10) abfüllen, sofort verschließen und an einem kühlen Ort dunkel lagern.

Rezept-Tipp: Diese fruchtig-scharfe Sauce eignet sich zum Dippen für Fingerfood, Pellkartoffeln und Pommes frites – oder als pikante Krönung von süßen Desserts.

Apfelkompott mit Schneeball

400 g Äpfel · 200 g Schneeballbeeren · 150 g Rohrohrzucker · 200 ml reines Wasser · 1 EL Honig

Die Äpfel waschen, schälen, vom Kerngehäuse befreien und in Stücke schneiden. Die Schneeballbeeren waschen, verlesen und in einem feinen Metallsieb mit kochendem Wasser übergießen und durch das Sieb oder eine Flotte Lotte passieren. Mit den Apfelstücken, Zucker und Wasser in einem Topf etwa acht Minuten kochen. Etwas abkühlen lassen und den Honig in das noch warme Kompott einrühren, lauwarm servieren.

Stachelbeere

Ribes uva-crispa

Porträt

Der lateinische Name der Stachelbeere „uva-crispa" bedeutet „krause Traube". Das bezieht sich auf die traubenähnliche Größe der Frucht und auf die krausen Blätter der Pflanze während des Austriebs im Frühjahr. Dazu kommt: Auch wenn manche Stachelbeere recht sauer erscheint, weisen die voll ausgereiften Früchte gleich nach den Tafeltrauben den höchsten Zuckergehalt unserer heimischen Beeren auf! Die wilden Stachelbeeren besiedeln ein riesiges Areal: Quer von Westeuropa über den eurasischen Kontinent bis in den Norden Chinas gedeihen sie in allen Regionen mit einem feucht-gemäßigten Klima. In Mitteleuropa findet man sie bis auf Höhen von 1000 m. Viele der kleinen Sträucher sind wohl Sämlinge von verwilderten, ehemaligen Kultursorten. Der erste Beleg für die Nutzung von Stachelbeeren stammt aus dem Jahr 1276, als die Büsche aus Frankreich nach England geliefert wurden. Die „Klosterbeere", so ein Volksname, wuchs auch bei uns in den Klostergärten. Während der folgenden Jahrhunderte entwickelte sich die Stachelbeere zu *der* englischen Beere. Die „Gooseberry" traf den dortigen Geschmack und gedeiht zudem bestens im kühl-feuchten Klima. Mitte des 19. Jahrhunderts gab es in England schon über 400 verschiedene Sorten. Mit ihren vielen Dornen, den etwas zähen, kleinen Beeren und dem süßen, aromatischen Geschmack wurden sie überall in den Selbstversorgergärten Mitteleuropas verbreitet. Erst als sich zu dieser Zeit in Deutschland die Konservenindustrie entwickelte, wurden Großkulturen gepflanzt. In den 1930er-Jahren kam es zum Totalausfall: Eine aus Amerika eingeschleppte Pilzkrankheit, der Stachelbeermehltau, vernichtete europaweit nahezu alle Stachelbeersträucher. Die amerikanischen Sorten sind jedoch gegen den Pilz resistent, sodass heute alle unsere neueren Züchtungen amerikanische Gene in sich tragen. Mit diesen ist es auch ohne chemische Spritzmittel möglich, gesunde Früchte zu ernten (siehe Seite 78 f.). Die neueste Entwicklung aus der Familie der Stachelbeergewächse (*Grossulariaceae*) ist die Jostabeere: Seit dem Ende des 19. Jahrhunderts verfolgten einige Züchter in England und Deutschland den Traum, eine Stachelbeere ohne Stacheln zu züchten. Zu diesem Zweck kreuzten sie Schwarze *Jo*hannisbeeren und *Sta*chelbeeren miteinander. Erfolg war allerdings erst der ab den 1970er-Jahren vermarkteten Sorte „Josta" beschieden. Zusätzlich wurde noch eine amerikanische Stachelbeerart eingekreuzt, die gegen den Stachelbeermehltau resistent ist. Von der Schwarzen Johannisbeere stammen die traubige Anordnung der Beeren, die Stachellosigkeit und viele wertvolle Inhaltsstoffe, darunter Vitamin C und Anthozyane. Von ihnen kommt auch der etwas herbe Geschmack der Jostabeeren – allerdings fehlt das typische Cassis-Aroma. Auf die Stachelbeeren lässt sich dagegen die feinsäuerliche Note zurückführen.

Wuchs und Aussehen Stachelbeeren wachsen als etwa 1 m hohe, mehr oder weniger stark bedornte Büsche. Botanisch korrekt müssten sie „Dornenbeeren" heißen: Die gänzlich verholzten Dornen sind mit dem Holz des jeweiligen Astes verwachsen und sitzen nicht wie Stacheln auf der Rinde. An den jährlich neu gebildeten Langtrieben stehen die Blätter wechselständig; sie sind 3–5 cm groß, drei- bis fünflappig und am Rand grob gekerbt. Am Blattansatz stehen die Dornen, die ganz unterschiedlich ausgeprägt sind: Bei manchen Neuzüchtungen sind gar keine mehr vorhanden, andere weisen einfache Dornen auf, wieder andere Exemplare sind mit dreiteiligen, teilweise sehr langen und verholzten Dornen stark bewehrt. Aus den Knospen in den Blattachseln der einjährigen Langtriebe wächst ab dem zweiten Jahr kurztriebiges Fruchtholz. Am Ende dieser Kurztriebe erscheinen ein bis zwei, selten auch drei kleine, rötlich überlaufene, hängende Blüten. Weil sie so zeitig (ab Ende März bis April) erscheinen, sind Stachelbeeren durch Nachtfröste gefährdet. Aus dem Fruchtknoten entwickeln sich innerhalb weniger Wochen die mehr oder weniger behaarten, derbschaligen, saftigen und kugelig bis eiförmigen Beeren. Diese können grünlich, gelb oder rot gefärbt sein und schmecken trotz des sehr hohen Zuckergehalts süß-säuerlich. Eingebettet in das Fruchtfleisch finden sich zahlreiche, kleine Samen.

Typisch: *Wilde Stachelbeeren erkennt man an den meist beidseitig behaarten Blättern, an deren Ansatz wehrhafte „Stacheln" (Dornen) stehen. Die Früchte sind deutlich kleiner als bei Garten-Stachelbeeren und anfangs behaart, bei Vollreife jedoch weitgehend kahl.*

Charakteristische Inhaltsstoffe und Heilwirkungen Stachelbeeren sind überaus gesund, werden aber nicht medizinisch genutzt. Sie enthalten viel Vitamin A und C, Folsäure, Biotin, Kalium, viel Silizium (Kieselsäure), Betacarotin, Gerbstoffe und Pektine. Sie wirken verdauungsfördernd, harntreibend und appetitanregend; früher wurden sie volksheilkundlich zur Entgiftung und Entwässerung eingesetzt.

Vorkommen und Standortansprüche Wilde Stachelbeeren findet man an Waldrändern, in Hecken und lichten Bergwäldern bis auf 1000 m Höhe. Sie stehen gerne auf felsigen Standorten und wachsen häufiger in der Nähe von Burgen, wahrscheinlich sind sie von dort aus verwildert. Die Stachelbeere liebt nährstoffreiche, humose und eher kalkhaltige Böden. Diese sind idealerweise gleichmäßig feucht, jedoch ohne Staunässe. An vollsonnigen Standorten können die Beeren einen Sonnenbrand bekommen – besser ist daher ein halbschattiger Platz.

Ernte- und Sammeltipps

Mit der Ernte von Stachelbeeren ist abzuwarten, bis ihre Haut durchsichtig erscheint – erst dann sind sie reif und besitzen das typische süß-säuerliche Aroma. Erntet man die Früchte noch unreif ab Mitte Mai, enthalten sie mehr Pektine. Diese „Grünpflücke" eignet sich besonders bei übervoll behangenen Büschen und lässt die verbleibenden Früchte besser ausreifen. Je nachdem, wie stark die Büsche bedornt sind, schützt man sich am besten mit Handschuhen. Stachelbeeren grundsätzlich mit Stiel ernten, weil so kein Saft ausläuft und die Beeren etwas länger haltbar sind.

Anbau im Garten Stachelbeeren sind in jedem Naschgarten bestens aufgehoben, können aber auch in Pflanzkübeln gut gedeihen. Aufgrund ihrer Wuchsform sind sie zudem für Hecken geeignet. Besonders zierreich sind sie als Hochstämmchen. Diese immer mit einem stabilen Stock versehen, der bis in die Krone hineinreicht. So lässt sich vermeiden, dass schwer mit Früchten behangene Kronen beispielsweise bei einem Gewitter abbrechen. Die Vermehrung von Stachelbeeren ist durch das Anziehen von Steckhölzern relativ leicht möglich. Stachelbeeren sind frostharte Gehölze, lediglich die frühe Blüte ist durch Nachtfröste gefährdet. Daher sind sie nicht an einen zu sonnig-warmen Standort zu pflanzen, damit der Austrieb der Blüten möglichst spät erfolgt. Zwar sind Stachelbeeren selbstbefruchtend – pflanzt man jedoch mehrere Exemplare zusammen in einen Garten, erhält man höhere Erträge. Um den Stachelbeermehltau zu vermeiden, greift man auf moderne, weniger anfällige Sorten zurück (siehe Seite 93). Zusätzliche Maßnahmen sind zum einen, keinen Stickstoffdünger zu verwenden. Alternativ wird im Herbst reifer Kompost unter den Büschen verteilt und im Sommerhalbjahr der Boden gemulcht. Dann gilt es, beim Gießen das Laub nicht nass zu machen. Zudem sind die Büsche im Spätsommer/Herbst durch einen Rückschnitt auszulichten, damit Laub und Beeren schneller abtrocknen. Weil der Pilz in den Knospen der Triebspitzen überwintert, kürzt man die einjährigen Triebe um etwa ein Viertel der Länge ein. Die Büsche tragen am älteren Holz, daher droht kein Verlust von Fruchtansätzen. Junge Pflanzen müssen zunächst kräftige Haupttriebe ausbilden. Später schneidet man jährlich zwei bis drei der dunkelholzigen Triebe, die älter als vier Jahre sind, bodennah ab. Einige wenige ältere Triebe lässt man stehen, dazu kommen etwa genauso viele kräftige Neutriebe. Insgesamt acht bis zwölf verbleibende Triebe sind optimal. Ist es dennoch zu einem bei Befall mit Stachelbeermehltau gekommen, helfen biologische Pilzmittel.

Verwendete Pflanzenteile und Erntezeit

Beeren	Juni bis August

Rezepte

Stachelbeer-Crumble

für 1 Auflaufform (Ø ca. 25 cm) · 800 g Stachelbeeren · 3 EL Apfeldicksaft oder 60 g Rohrohrzucker · 2 TL Ceylon-Zimtpulver · 200 g Dinkelvollkornmehl · 80 g Mandeln, gemahlen · 125 g weiche Butter oder natives Kokosöl · 70 g Rohrohrzucker · ½ TL Vanillezucker

Den Backofen auf 200 °C vorheizen. Stachelbeeren waschen, von Stiel und Blütenansatz befreien, in eine Auflaufform füllen, mit Dicksaft und 1 TL Zimt vermischen. Etwa zehn Minuten backen, bis die Früchte anfangen, musig zu werden.
In der Zwischenzeit aus Dinkelvollkornmehl, Mandeln, Butter, 1 TL Zimt, Rohrohrzucker und Vanillezucker einen trockenen Teig kneten. Zwischen den Händen zu Streuseln verreiben und über den heißen Stachelbeeren verteilen. Den Crumble für weitere 15 Minuten in den Ofen schieben.

von links nach rechts: Stachelbeer-Crumble, Stachelbeer-Relish, Stachelbeer-Chutney

Würzig-deftiges Stachelbeer-Relish

2 Gläser à ca. 200 ml · 200 g Stachelbeeren · ½ Salatgurke · 1 kleine, rote Zwiebel oder Schalotte · 3 EL Olivenöl · 1 EL Rohrohrzucker · Salz, Pfeffer · etwas frischer Limetten- oder Zitronensaft · einige Blättchen Pfefferminze und/oder Melisse

Stachelbeeren verlesen, waschen, von Stiel und Blütenansatz befreien und mit einem Sägemesser halbieren. Salatgurke waschen und klein würfeln, Zwiebel schälen und fein würfeln. 1 EL Olivenöl in einer Pfanne erhitzen und die Zwiebel darin anschwitzen. Stachelbeeren und Gurkenwürfel dazugeben, mit Rohrohrzucker bestreuen und drei bis fünf Minuten unter Rühren bei schwacher Hitze karamellisieren lassen. Mit Salz, Pfeffer und Limettensaft würzen und drei bis fünf Minuten ziehen lassen. Pfefferminze waschen, trocken tupfen und sehr fein schneiden, mit dem restlichen Olivenöl unter das Relish mischen. Erfrischend-würzig zu Reisgerichten und zu Gegrilltem.

Stachelbeer-Chutney

2 Gläser à ca. 300 ml · 500 g Stachelbeeren (grüne Sorte) · 100 g Rohrohrzucker · ½ TL Salz · 2 Schalotten · 2 rote Chilischoten · 100 ml weißer Balsamico · 1 Stange Ceylon-Zimt · 1 Stück Ingwer, etwa daumengroß · ½ TL Pfeffer · 1 TL Kreuzkümmel, gemahlen · 50 ml reines Wasser

Die Stachelbeeren verlesen, waschen, von Stiel und Blütenansatz befreien und mit einem Sägemesser jeweils halbieren. In einem Topf mit Rohrohrzucker und Salz vermengen und mindestens eine Stunde bei Zimmertemperatur durchziehen lassen. Schalotten schälen und in kleine Würfel schneiden. Chilischoten waschen, von Stiel und Kernen befreien und in sehr feine Streifen schneiden. Mit den Schalottenwürfeln zu den durchgezogenen Stachelbeeren geben. Balsamico, Zimt, Ingwer, Pfeffer, Kreuzkümmel und Wasser dazugeben. Unter Rühren zum Kochen bringen, auf kleiner Flamme zugedeckt etwa 15 Minuten einkochen lassen. Zimtstange und Ingwer entfernen, das Chutney heiß in sterilisierte Schraubdeckelgläser (siehe Seite 10) füllen und gleich verschließen. Einige Minuten umgekehrt auf den Deckel stellen, dann in normaler Position auskühlen lassen. Das Chutney passt gut zu Reis- und Hirsegerichten oder auch zu Käse. Kühl und dunkel gelagert ist es mindestens ein Jahr haltbar.

Rezept-Tipp: Stachelbeeren, besonders unreife, noch grün geerntete, lassen sich auch gut einmachen, Rezept auf Mizzis Küchenblock: http://hvlink.de/naturgenuss-stachelbeeren-einmachen

Fruchtleder aus Stachelbeeren

300 g Stachelbeeren · 1 Banane oder 3 entsteinte, klein gehackte Datteln oder 3 EL Apfel- oder Birnendicksaft

Die gewaschenen Stachelbeeren und die Banane in einem Mixer sehr fein pürieren. Das Fruchtmus durch eine Flotte Lotte (Passevite) passieren, um Kerne, Stiele und Blütenansatz herauszulösen. Den Brei mithilfe eines Esslöffels gleichmäßig auf ein mit einer speziellen Einlage für feuchtes Trockengut versehenes Dörrgitter eines Dörrapparates oder auf ein kleines, mit beschichtetem Backpapier belegtes Backblech streichen (0,5–1 cm hoch). Im Backofen bei 50 °C und leicht geöffneter Backofentür (Holzrührlöffel einklemmen) oder im Dörrgerät trocknen lassen, bis die Masse eine gummiartige Konsistenz erreicht hat und sich von der Unterlage ablösen lässt. Das Fruchtleder mithilfe eines Messers oder Teigrädchens in Rechtecke oder Rauten schneiden. In Dosen füllen und dabei die einzelnen Schichten durch Backpapier trennen.

Rezept-Tipps: Besonders mit Dicksaft als Süßungsmittel wird das Fruchtleder etwas klebrig und es entstehen kleine, kompakte Fruchtgummis. Man kann die Stücke zusätzlich in Rohrohrzucker, gehackten Mandeln oder Kokosflocken wälzen oder auch mit Kuvertüre überziehen. Fruchtleder können mit allen Beeren (bzw. dem Beerensaft) aus diesem Buch zubereitet werden!

Wald-Erdbeeren

Fragaria vesca

Porträt

Die kleinen, feinen Wald-Erdbeeren besitzen ein unvergleichlich intensives Aroma – für das nicht nur Kinder ganz besonders schwärmen. Der botanische Name „fragare" kommt aus dem Lateinischen für „Duft", und „vesca" wird mit „essbar" übersetzt: der essbare Duft. Die Wald-Erdbeere ist in Mitteleuropa heimisch, sie ist jedoch nicht die Wildform unserer heutigen, weitverbreiteten Gartenerdbeere (*Fragaria x ananassa*). Deren Vorfahren stammen aus Nord- und Südamerika. Aber auch aus unseren heimischen Wald-Erdbeeren wurde eine neue Form gezüchtet: die Monatserdbeeren. Ihr Geschmack ist ähnlich intensiv wie bei der Wildform, ihre Früchte sind jedoch größer. Und sie haben noch einen weiteren entscheidenden Vorteil: Die Früchte der Monatserdbeeren können nicht nur einmalig, sondern von Mai bis zum ersten Frost immer wieder geerntet werden (siehe Seite 85).

Die Gattung der Erdbeeren (*Fragaria*) zählt zu den Rosengewächsen (*Rosaceae*). Weltweit gibt es etwa 20 Erdbeerarten und ungefähr 1000 verschiedene Sorten! Auch die Erdbeere ist aus botanischer Sicht keine Beere; in ihrem Fall haben wir es mit einer sogenannten Sammelnussfrucht zu tun. Die „Beere" setzt sich aus vielen kleinen Einzelfrüchten zusammen, den hartschaligen „Nüsschen". Diese sitzen bei der großen Gartenerdbeere als gelbe, bei der Wald-Erdbeere als rote Samen gut sichtbar auf dem gereiften, roten Blütenboden, dem Fruchtkörper. Archäologen fanden in Steinzeitsiedlungen viele dieser hartschaligen, unzerkaut ausgeschiedenen Nüsschen – so lange gehören Erdbeeren schon zur menschlichen Ernährung. Auch in römisch-antiker Literatur wird die Erdbeere immer wieder erwähnt. Aus dem Mittelalter ist bekannt, dass Wald-Erdbeeren schon großflächig angebaut wurden. Die Züchtung größerer Früchte gelang jedoch noch nicht, das änderte sich erst in der Neuzeit. Mit dem Siegeszug der großen Gartenerdbeere in der zweiten Hälfte des 18. Jahrhunderts geriet sowohl die Wildsammlung als auch der Anbau der Wald-Erdbeere fast ganz in Vergessenheit. Alte Volksnamen sind Rotbeeren, Darmkraut, Flohbeere oder Erbelkraut. Und es gibt noch die Moschus- oder Zimt-Erdbeere (*Fragaria moschata*) und die Knack-Erdbeere (*Fragaria viridis*). Beide Arten sind selten geworden, ihre Früchte sind essbar und ebenfalls ungiftig.

Wuchs und Aussehen Alle Erdbeerarten wachsen als mehrjährige, krautige, wintergrüne Pflanzen aus einer holzigen, verdickten Wurzel heraus. Die Pflanzen der Wald-Erdbeeren erreichen nur 5–20 cm Höhe. Ihre gezähnten Blätter sind dreizählig gefingert, die Oberseite ist grün, während die Unterseite weißlich bis graugrün erscheint und silbrig behaart ist. Die Blüten erscheinen im Mai und Juni an Trugdolden, meist sind es insgesamt drei bis sechs, seltener bis zu zehn. Wald-Erdbeeren blühen weiß, in Einzelfällen auch gelblich. Die Blüten sind 1–1,5 cm groß und besitzen die für Rosengewächse typischen fünf Blütenblätter. Die zehn grünen Kelchblätter bilden jeweils einen grünen Kranz um die Blüten; dieser bleibt bei der späteren Ernte im Unterschied zur Gartenerdbeere nicht an der Frucht, sondern an der Pflanze zurück. Auf dem gewölbten Fruchtboden in der Mitte der Blüte sitzen zahlreiche Fruchtblätter, aus denen sich die Samen („Nüsschen") entwickeln (siehe oben). Erdbeeren vermehren sich durch oberirdische Ausläufer, wodurch sich an geeigneten Standorten rasch größere Bestände ausbilden können. Zudem sorgen Ameisen, Kleinsäugetiere, Vögel und andere Tiere für die Verbreitung der Samen.

***Typisch:** Die Blätter von Wald-Erdbeeren sind auf der Unterseite graugrün bis weißlich, die Blüten bestehen aus fünf weißen Blütenblättern. Auf den Früchten sitzen die kleinen, roten Samen.*

Charakteristische Inhaltsstoffe und Heilwirkungen Erdbeeren enthalten mehr Vitamin C als Zitronen oder Orangen (57 mg auf 100 g Frucht), die B-Vitamine Folsäure, Biotin und Pantothensäure sowie Vitamin K. In den Früchten stecken viele Mineralstoffe und Spurenelemente wie Kalzium, Kalium, Magnesium und Zink, außerdem Gerbstoffe und sekundäre Pflanzenstoffe (Flavonoide und Phenolsäuren). Aufgrund ihres Eisengehaltes (0,64 mg auf 100 g Frucht) wirken die Beeren blutbildend. Die Erdbeere ist keine offizielle Heilpflanze. Volksmedizinisch dient sie der Stärkung und wird zur Entgiftung und Entwässerung eingesetzt, wobei der hohe Kaliumgehalt die Nieren anregt. Auch bei Gicht, Leber-Galle- und rheumatischen Erkrankungen wirken die Früchte unterstützend. Die Blätter der Erdbeere werden volksmedizinisch wegen ihres Gerbstoffgehalts als Tee gegen Durchfall empfohlen. Erwiesenermaßen sind dafür jedoch andere Heildrogen, beispielsweise Brombeerblätter (siehe Seite 27 ff.) vorzuziehen.

***Hinweis:** Erdbeeren und Wald-Erdbeeren können gerade bei Säuglingen und Kleinkindern manchmal Hautausschläge auslösen. Die Früchte sind daher von Allergikern und empfindlichen Personen besser zu meiden.*

Vorkommen und Standortansprüche Die Wald-Erdbeere kommt in ganz Europa und Nordasien vor. Die Pflanze ist zwar an das halbschattige Leben unter großen Bäumen angepasst, braucht jedoch auch Sonnenlicht, um sich zu entwickeln und aromatische Früchte auszubilden. Sie gedeiht in hellen Wäldern, auf Lichtungen, Kahlschlagflächen, an sonnigen Waldrändern und entlang von lichten, relativ offenen Waldwegen. Sie bevorzugt humus- und nährstoffreiche, eher feuchte, gut durchlässige Böden ohne Staunässe.

Ernte- und Sammeltipps

Die Früchte von Wald- und Monatserdbeeren schmecken besonders aromatisch: Die Mühe beim Sammeln lohnt sich. Dafür verbleibt der Kelchblattkranz der Walderdbeerfrüchte beim Abpflücken an der Pflanze, sodass das sonst übliche Abschneiden des

Strunks entfällt. Weil die kleinen Beeren nach der Ernte nicht mehr nachreifen, pflückt man nur voll ausgereifte Exemplare, die sich ganz leicht von der Pflanze ablösen lassen. Die Früchte werden dann möglichst sofort verarbeitet, da sie kaum haltbar sind. Die frischen Blätter lassen sich im Frühjahr klein gehackt unter Salate, Gemüsegerichte, Kräuterquark, Pestos und Smoothies mischen; getrocknet ergeben sie eine gute Grundlage für einen milden, schmackhaften Haustee (siehe Seite 29).

Anbau im Garten Das Auswildern von bodendeckenden Monatserdbeeren in naturnah gestalteten Gärten bietet gegenüber der Walderdbeere einige Vorteile: Monatserdbeeren wurden aus Wald-Erdbeeren kultiviert und besitzen daher ein wunderbar intensives Aroma. Ihre Früchte sind im Vergleich größer und können über einen langen Zeitraum von Mai bis Oktober geerntet werden. Die Pflanzen sind sehr robust und für die Gestaltung eines naturnahen Gartens gut geeignet. Die klassische Monatserdbeere bildet keine Ausläufer und eignet sich zur Bepflanzung von Beeträndern, Töpfen und Kübeln. Daneben gibt es aber auch Sorten, die Ausläufer bilden. Diese ergeben hervorragende Bodendecker, beispielsweise unter Beerensträuchern. Die Samen von Monatserdbeeren ohne Ausläufer sind überall im Gartenfachhandel erhältlich. Weil die Erträge dieser Pflanzen nach wenigen Jahren nachlassen, muss dann durch erneute Aussaat wieder für Nachwuchs gesorgt werden. Bei Monatserdbeeren mit Ausläufern ist dieser Aufwand nicht nötig, da sie sich vegetativ vermehren und sich der Bestand so fortlaufend selbst verjüngt. Leider sind diese Sorten teilweise schwer zu bekommen. In alten Gärten sieht man manchmal noch rankende Monatserdbeeren: In Absprache mit dem Besitzer kann man sich hier eventuell eine Jungpflanze besorgen. Für Beete und Töpfe ist eine Kombination aus Monats- und Gartenerdbeeren zu empfehlen, sodass man zum einen Vorräte (z. B. Konfitüre) anlegen kann und sich zum anderen die ganze Saison an den kleineren, aber besonders aromatischen Naschfrüchten erfreut (Sortenempfehlungen siehe Seite 90 ff.).

Verwendete Pflanzenteile und Erntezeit

Blätter	März bis Mai (junge Blätter auch bis Juli)
Wald-Erdbeeren	Juni / Juli
Gartenerdbeeren	Juni / Juli
Monatserdbeeren	Mai bis Oktober

Rezepte

Die kleinen, roten Nüsschen, die erkennbar auf den Wald-Erdbeeren sitzen, enthalten einen Bitterstoff. Dieser ist bei frischen Früchten nicht wahrnehmbar. Der bittere Geschmack wird aber nach einigen Minuten Kochzeit spürbar, was beispielsweise bei Aufstrichen unerwünscht ist. Daher sind bei der Verarbeitung von Wald-Erdbeeren nur kurze Kochzeiten, rohköstliche Verwendungen, Trocknen oder Einlegen zu empfehlen.

Basischer Frühstücksbrei mit Erdbeeren

100 g Hirse · 100 g Buchweizen · 750 ml reines Wasser · 8–10 Datteln · 50 g Mandeln · 50 g Walnüsse · 2 EL Sonnenblumenkerne · 1 Stück Ingwer (10–25 g, nach Geschmack), fein gerieben · Ceylon-Zimt-, Kurkuma- und Kardamompulver · 200 g frische Erdbeeren oder etwa 50 g getrocknete Früchte

Hirse und Buchweizen in kochendem Wasser waschen und durch ein Sieb abgießen. Mit dem reinen Wasser und den entsteinten, in kleine Stücke geschnittenen Datteln erhitzen. Etwa fünf Minuten auf kleiner Flamme kochen, dann zugedeckt bei sanfter Hitze weitere 15 Minuten ausquellen lassen. Mandeln und Walnüsse grob hacken und mit Sonnenblumenkernen, Ingwer, Zimt, Kurkuma und Kardamom in den Brei rühren. Vor dem Servieren die geputzten, gewaschenen und bei Bedarf klein geschnittenen Erdbeeren unterheben, den Brei mit einigen Früchten garnieren.

Rezept-Tipp: In einem Dörrapparat lassen sich auch Erdbeeren gut trocknen und als Vorrat aufbewahren. Kleine Früchte oder in Scheiben geschnittene, größere Exemplare können auch im Backofen bei 50 °C über mehrere Stunden hinweg getrocknet werden: Die Backofentür dabei einen Spalt offen lassen (Holzkochlöffel einklemmen) und die Früchte gelegentlich wenden.

Erdbeer-Mandel-Milch

200 g Erdbeeren · 600 ml reines Wasser · 80–100 g Mandeln, gerieben · 1 Zitrone, Saft · 2 EL Apfeldicksaft oder 40 g Rohrohrzucker · 1 Pck Bourbon-Vanillezucker

Die Erdbeeren waschen, verlesen und bei Bedarf entstielen. Alle Zutaten vermengen und pürieren. Leicht gekühlt servieren.

Rezept-Tipp: Sämtliche rohköstliche Zubereitungen aus normalen Gartenerdbeeren können Sie durch die Zugabe von einer kleinen Menge Wald- oder Monatserdbeeren zusätzlich aromatisieren.

Grüner Salat mit Erdbeerdressing

1 Kopfsalat oder anderer grüner Salat · 1 Schalotte · 4 Radieschen · 1 Bund Schnittlauch oder junge Blätter der Knoblauchsrauke · 200 g Erdbeeren · 1 EL Apfel- oder Birnendicksaft · Salz, Pfeffer · 2 EL Olivenöl · 4 EL Sahne/Rahm oder Sojasahne · 1 Zitrone, Saft

Den Salat putzen, in mundgerechte Stücke teilen, waschen und trocken schleudern. Schalotte schälen und fein würfeln. Radieschen waschen, putzen und in feine Scheiben schneiden oder hobeln. Schnittlauch waschen, in feine Röllchen schneiden; Knoblauchsrauke waschen und klein schneiden. Alles in eine Salatschüssel geben und vermengen. Für das Dressing die geputzten, gewaschenen und abgetropften Erdbeeren mit Dicksaft, Salz, Pfeffer, Olivenöl, Sahne und Zitronensaft zu einem cremigen Dressing pürieren. Den Salat auf Tellern portionieren und das Dressing darüberträufeln.

Walderdbeer-Essig Eine saubere, sterilisierte (siehe Seite 10) und weithalsige Flasche mit Schraubdeckel (z. B. Milch- oder Sahneflasche) etwa zur Hälfte mit frischen, voll ausgereiften Wald- oder Monatserdbeeren befüllen. Mit einem guten Weißweinessig aufgießen. Den Essig für drei Wochen an einem hellen, besser sonnigen Fensterplatz stehen lassen, dabei täglich kurz aufschütteln. Dabei immer darauf achten, dass alle Früchte mit Flüssigkeit bedeckt sind. Danach den Essig durch ein steriles Tuch abfiltern, Flasche fest verschließen und dunkel aufbewahren.

Rezept-Tipp: Die zurückbleibende Fruchtmasse passt als pikante Beilage zu Fleisch- und Käsegerichten oder kann für würzige Saucen und Chutneys weiterverarbeitet werden.

Böhmische Walderdbeer-Knödel

15 g Butter · 375 g Kartoffeln, am Vortag · 1–2 Eigelbe · Salz · etwa 50 g Dinkelmehl oder 25 g Dinkelmehl und 25 g Grieß · 500 g Wald- oder Gartenerdbeeren, klein geschnitten · 75 g Rohrohrzucker · 30 g Butter · 2 EL Semmel- oder Zwiebackbrösel oder Haselnüsse, gehackt · 1 EL Rohrohrzucker · Ceylon-Zimtpulver · Puderzucker

Die Butter in einem Töpfchen vorsichtig erwärmen. Die Kartoffeln pellen und durch eine Kartoffelpresse drücken. Flüssige Butter mit der Kartoffelmasse, Eigelb und zwei Prisen Salz verkneten. Je nach Beschaffenheit der Kartoffeln entsprechend viel Mehl untermischen, sodass der Teig nicht klebt und sich 1 cm dick ausrollen lässt. Die Teigplatte mit einem Messer oder Teigrad in etwa 10 cm große Quadrate aufteilen. Erdbeeren putzen, vorsichtig abbrausen, abtropfen lassen und mit Zucker vermischen. Jeweils 1 EL Erdbeeren in die Mitte eines Teigquadrats geben und Knödel daraus formen. Dabei nicht zu viel drücken, damit die Knödel locker bleiben. In sprudelnd kochendem Wasser zehn Minuten kochen und mit dem Schaumlöffel vorsichtig herausnehmen. In einer Kasserolle oder einem Topf Butter, Semmelbrösel und Zucker leicht anrösten, etwas Zimt dazugeben. Die abgetropften Knödel darin wälzen, mit Puderzucker bestäuben und heiß servieren.

Pfannkuchen mit Erdbeeren und Ahornsirup

250 g Dinkelmehl (Type 1050) · 2 Eier · 250 ml Milch · 50 ml Mineralwasser · 2 TL Rohrohrzucker · 1 Prise Salz · etwa 250 g Erdbeeren · Bratöl oder Butterschmalz · Ahornsirup oder Puderzucker

Mehl, Eier, Milch, Mineralwasser, Rohrohrzucker und Salz mit dem Schneebesen zu einem zähflüssigen Teig verrühren. Backofen auf 80 °C vorheizen. Die Erdbeeren abbrausen, putzen und je nach Größe halbieren oder vierteln. Bratöl in einer Pfanne erhitzen und etwa eine Schöpfkelle voll Teig hineingießen. Die Pfanne schwenken, sodass sich der Teig gleichmäßig auf dem Pfannenboden verteilt. Ausbacken lassen und auf der anderen Seite braten, bis der Pfannkuchen rundum goldbraun ist. Im Backofen warm stellen, bis alle Pfannkuchen fertig sind. Auf Tellern anrichten, mit Erdbeeren belegen und mit Ahornsirup beträufeln.

Rezept-Tipp: Wie man Ahornsirup selbst macht, können Sie im zweiten Band dieser Reihe nachlesen („Köstliches von Waldbäumen").

Sortenempfehlungen

Aronia

Die Sorte *Aronia melanocarpa* **Nero** ist im östlichen Mitteleuropa und in Ostdeutschland sowie in neu angelegten Plantagen in Hessen, Bayern und am Bodensee am meisten verbreitet. Sie wurde für den ertragreichen Obstbau gezüchtet. Je Dolde erscheinen hier bis zu 20 überdurchschnittlich große Beeren; diese sind bei Fruchtreife zügig abzuernten, da sie dann relativ schnell abfallen. Sie wachsen etwas aufrechter, jedoch schwächer als andere Sorten. Die fein verzweigten Sträucher von **Nero** werden etwa 1,5 m hoch und 2 m breit und durch die stärkere Bildung von Ausläufern und Basaltrieben buschig. Die Blüten sind weiß, teils leicht rosa gefärbt. Die Sorte *Aronia melanocarpa* **Viking** wurde in Finnland gezüchtet. Die Beeren sind kleiner und nicht so zahlreich, dafür liefert die extrem frostharte Sorte gleichbleibend hohe Erträge. Die bis zu 2 m hohen Sträucher eignen sich auch gut als Heckenpflanzen. Zu empfehlen sind auch die Sorten *Aronia melanocarpa* **Hugin,** zierlich, buschig wachsend mit mildem Aroma aus Schweden sowie *Aronia melanocarpa* **Morton** mit kompaktem Wuchs für kleinere Gärten. Ihre Beeren sind säuerlich herb und auch in größerer Menge roh zum Verzehr geeignet.

Bocksdorn/Goji

Eine stark fruchtende, Bioland-zertifizierte Züchtung aus der Wildform ist die Sorte *Lycium barbatum* **Turgidus**. Bereits im Juni/Juli liefert sie süße, wohlschmeckende Beeren und ist nahezu frei von Krankheiten wie Mehltau. Optimal sind ein vollsonniger Standort und ein nährstoffreicher Boden (Düngung mit reifem Kompost, etwas Mulch und ab dem zweiten Jahr drei Mal jährlich Ende März, Ende Mai und Ende Juli 1 EL organischer Dünger pro Pflanze). Für konstante Bodenfeuchte sorgen (im Sommer zwei Mal/Woche wässern) und ein jährlicher, starker Rückschnitt im Spätherbst, bei dem nur drei Ruten mit etwa 1,5 m Höhe an der Pflanze belassen und aufgebunden werden. Weitere, schon im ersten Jahr fruchttragende, selbstbefruchtende Sorten: *Lycium barbatum* ***NQ1, L22, Big & Sweet, Korean Big*** und ***Instant Success.***

Brombeeren

Von hier heimischen Brombeeren wurden bisher keine Sorten ausgelesen. Daher von stark stacheligen, großfrüchtigen, aromatisch schmeckenden wild wachsenden Pflanzen mit möglichst hochbogigem Wuchs Absenker gewinnen: An einer passenden Pflanze einen Trieb mit einem Draht auf dem Boden fixieren, mit Erde bedecken und einige Wochen abwarten, bis sich der Trieb dort bewurzelt hat. Dann von der Mutterpflanze abtrennen und im eigenen Garten einpflanzen.

Cranberries

Vaccinium macrocarpon **Pilgrim** reift erst spät ab Ende Oktober mit sehr großen Früchten und gutem Ertrag. *Vaccinium macrocarpon* **Early Black** ist eine anspruchslose Sorte, die früh reift (ab Anfang September) und einen mittleren Ertrag bringt. *Vaccinium macrocarpon* **Searles** ist eine mittelfrühe Sorte, die ab Ende September reift und viele mittelgroße Früchte mit hohem Vitamin-C-Gehalt trägt. Weitere empfehlenswerte Sorten sind noch

Red Star/Howes sowie jene der Aromagärtnerei Deafloris aus Potsdam: *Cowley, Langlois, Olsen Honkers* oder *Stevens.*

Erdbeeren

MONATSERDBEEREN OHNE AUSLÄUFER: Die Sorte *Rügen* stammt aus der fürstlichen Schlossgärtnerei in Putbus auf Rügen und kam 1920 in den Handel. *Alexandria* ist eine seit 1964 erhältliche Sorte aus den USA.
MONATSERDBEEREN MIT AUSLÄUFERN: *Quarantaine de Prin* ist eine mehrmals tragende Sorte aus Frankreich, die bis zum Ersten Weltkrieg gewerblich angebaut wurde. Die *Schöne Meißnerin* ist eine 1877 in Köthen gezüchtete Sorte mit sehr aromatischen, weißen Früchten.
GARTENERDBEEREN: Diese Sorten sind robust gegenüber Krankheiten, sehr aromatisch im Geschmack und ertragreich.
EINMALTRAGEND: *Symphony* kommt aus Schottland und ist eine robuste, späte Sorte, die auch für die Mittelgebirge geeignet ist. *Lambada* ist eine frühe Sorte mit besonderem Geschmack. Sie ist etwas anfällig gegenüber Mehltau, ansonsten aber robust. Die aromatische *Polka* stammt aus den Niederlanden und optimal für Tiefkühlung und Marmelade. Eine späte Sorte mit einzigartigem, berühmtem Aroma ist *Mieze Schindler* (Pillnitz, 1925).
IMMERTRAGEND: *Mara des Bois* stammt aus Frankreich und wurde speziell auf Aroma selektiert. Die Sorte *Seascape* aus den USA hat besonders große, feste Früchte.

Heidelbeeren

Die Kulturheidelbeere *Vaccinium corymbosum Darrow* bietet sehr große, aromareiche Früchte, die erst spät ab Mitte/Ende August reifen und einen mittleren Ertrag bringen.

Die Sorte *Duke* besitzt ebenfalls sehr große, aromatische Früchte und ermöglicht eine ertragreiche Ernte schon ab Anfang Juli. Sie zeichnet sich durch einen dichten Wuchs und gute Frosthärte aus. *Bluecrop* bringt als anfängertaugliche Pflanze ab Mitte Juli hohe Erträge. Die einzelnen Früchte sind groß, wohlschmeckend und robust. Der Strauch wächst breit und bietet dank ausgeprägter Herbstfärbung einen hohen Zierwert. Weitere interessante Sorten sind *Vaccinium corymbosum Bluedessert,* eine aromatische Sorte, die ab August reif wird und deren Blüten vor Frost geschützt sind. Die Sorte *Bluejay* eignet sich gut als Heckenanpflanzung und hat ebenfalls aromatische Beeren. *BrazelBerry BerryBux* ist für die Kultur in Töpfen besonders gut geeignet. Die Sorte *Goldtraube* besitzt große, aromatische Beeren und ist unempfindlich gegen Triebsterben.

Himbeeren

SOMMERHIMBEEREN: Die Sorte *Schönemann* ist eine bis heute unübertroffene Sorte der gleichnamigen Baumschule in Fellbach aus dem Jahr 1950. Sie liefert große, feste, dunkelrote, kegelförmige Beeren mit gutem Aroma und regelmäßig hohem Ertrag. Ihre Früchte mit hohem Pektingehalt eignen sich bestens für die Zubereitung von Gelee und Marmelade sowie zum Tiefkühlen. *Winklers Sämling* ging um 1900 im badischen Berwangen aus einem Zufallssämling hervor und wurde zum Inbegriff der Aromahimbeere: Ihre saftig-süßen Beeren sind geschmacklich mit wilden Waldhimbeeren vergleichbar. Im Erwerbsanbau sind sie kaum noch zu finden, da ihre Beeren sehr weich und kaum transportfähig sind; sie lassen sich zudem nur schwer vom Fruchtboden ablösen. Für Selbstversorger sind sie jedoch bestens geeignet: robust gegen Krankheiten und relativ unempfindlich gegenüber Trockenheit. Weitere Sorten sind u. a. ***Meeker,*** eine gegen Wurzelkrankheiten widerstandsfähige Himbeere mit hervorragenden Fruchtqualität, und ***Willamette,*** die kaum anfällig für Rutenkrankheit, virustolerant und frostfest ist.

HERBSTHIMBEEREN: ***Autumn Bliss,*** eine noch junge Sorte aus England, hat sich schnell weit verbreitet. Sie bietet große, feste, leuchtend rote Beeren mit ausgeprägtem Aroma, ist sehr robust und trägt bis zu drei Monate reichlich Früchte (ab Ende August bis November). Die Sorte eignet sich ideal, um Himbeeren flächenmäßig verwildert anzubauen, da man die einjährigen Triebe im frühen Winter einfach komplett abmähen kann und ein aufwendiger Pflegeschnitt entfällt. ***Autumn First*** ist eine daraus entstandene, verbesserte Sorte. ***Hauensteins Gelbe*** ist eine Sorte aus der Schweiz, die sowohl im Sommer an den zweijährigen Ruten als auch im Herbst an den einjährigen Trieben trägt. Ihre Beeren haben eine rundliche Form und sind orangegelb. Eine weitere Empfehlung sind die Sorten ***Himbotop*** und ***Polka*** – Sortenvielfalt im Garten ist immer ein Garant für einen vollen Sammelkorb!

Johannisbeeren

ROTE JOHANNISBEEREN: ***Rote Holländische*** (auch ***Göpperts Kirschjohannisbeere*** oder ***Prinz Albert***) stammt vermutlich aus dem 6. Jahrhundert mit unbekannter Herkunft. Sie gilt als robusteste und genügsamste Johannisbeersorte, bietet gute Erträge und besitzt eine gute Widerstandskraft gegenüber Krankheiten. Ihre Blüte ist kaum durch Spätfröste gefährdet. Diese Sorte stammt von der wilden Felsen-Johannisbeere (*Ribes petraeum*) ab. In Berglagen war sie die spät reifende einzige Kulturjohannisbeere, wird aber im Erwerbsobstbau nicht mehr verwendet. Die Sorte ***Erstling aus Vierlanden*** (bei Hamburg, um 1910) stammt von der oben Beschriebenen ab. Sie eignet sich ebenso für Höhenlagen, ist robust, wenig anspruchsvoll und von sehr starkem Wuchs. Bevorzugt nährstoffreiche, feuchte Böden und kann hier bis zu 2,5 m hoch werden. Sie reift früher als die Elternsorte. ***Houghton Castle*** (England, vor 1800) ist eine sehr fruchtbare, mittelfrühe Sorte mit später Blüte und hohem Farbstoffgehalt. Sie gedeiht auch in Höhenlagen und auf schlechten Böden. Gegenüber Blattkrankheiten ist sie unempfindlich und besitzt ein besonderes, an Preiselbeeren erinnerndes Aroma. Sie weist eine typisch breite Wuchsform mit bogig aufstrebenden, schlanken Trieben auf, die sich unter der Fruchtlast zu Boden senken. Frühe und mittelfrühe Sorten ab Anfang Juni sind ***Jonkheer van Tets*** sowie ***Detvan*** als süßsäuerliche Neuheit, die auch gut am Spalier zu ziehen sind. Späte, robuste Sorten, die ab Mitte Juli reifen, sind ***Rovada*** mit breitbuschigem Wuchs und ***Rolan*** mit hohen Erträgen.

WEISSE JOHANNISBEEREN: ***Weiße Versailler*** (Frankreich, 1883) ist eine früher weitverbreitete Sorte mit sehr mild-säuerlichen, aromatischen Früchten, die sich gut für den Frischverzehr eignen. Sie bietet kräftigen Wuchs und regelmäßigen Ertrag, ist sehr robust und benötigt kaum Schnittpflege, dafür aber einen nährstoffreichen, feuchten Boden. ***Weiße Kaiserliche*** (Frankreich, vor 1860) ist eine alte Liebhaber- und Genießersorte, die voll ausgereift cognacfarbene, süße und wohlschmeckende Beeren bietet. Sie ist jedoch pflegeintensiv, denn die vielen Jungtriebe

sind schwach und bogig (am besten an einem Spalier aufbinden). Sie benötigt ein warmes Klima und guten Boden. Weitere Empfehlungen sind *Vit Jätte/Weiße Jätte, Bar le Duc* und *Rose de Champagne* als frühreife Sorten sowie *Blanca* als spätreife Sorte.
SCHWARZE JOHANNISBEEREN: *Titania* (Schweden, 1984) ist heute die im Erwerbsobstbau meistverwendete Sorte und wird auch für Hausgärten empfohlen. Sie ist selbstbefruchtend und mehltaufest. Weitere Kennzeichen sind starker Wuchs, mittelspäte Ernte und ein hoher Gehalt an Fruchtsäuren. Die heutige Monokultur im Erwerbsobstbau birgt auch für den Gartenbesitzer ein Risiko: Kommt eine auf diese Sorte spezialisierte Pflanzenkrankheit auf, sind auch die eigenen Pflanzen betroffen. Daher sollte auch im Sinne der Biodiversität nicht nur diese Sorte gepflanzt werden. *Silvergieters Schwarze* (Niederlande, 1936) besitzt einen starken Wuchs und große, süße Beeren. Überreife Beeren fallen ab, also muss rechtzeitig abgeerntet werden. Die Sorte ist zwar anfällig für Mehltau, bietet dafür aber einen sehr hohen Farbstoffgehalt (Antioxidanzien) *Goliath* (Niederlande, vor 1880) stammt in direkter Linie von der Wildform *Ribes nigrum* ab. Sie bildet kurze Trauben mit sehr großer Basalbeere aus, die folgenden Beeren sind kleiner. Für den Erwerbsobstbau wenig interessant, kann für Selbstversorger die längere Erntephase von Vorteil sein. Die Sorte besitzt einen schlanken, aufrechten Wuchs und ist somit auch für kleine Gärten geeignet. Sie weist eine gute Frosthärte auf und wächst auch auf schweren, nassen Böden, ist jedoch anfällig für Mehltau. Die Sorte *Hedda* bringt süße und große Beeren, *Daniels September* säuerliche Früchte mit hohem Vitamin C-Gehalt. *Wellington Schwarze* ist eine alte Sorte mit hohem Ertrag; *Ometa* ist eine reichtragende Sorte mit langen Trauben und unempfindlich gegen Spätfröste. *Kir Royal* ist eine Delikatess-Johannisbeere mit hohem Vitamin-C-Gehalt von außergewöhnlich süßem Aroma.

Mahonie

Die Sorte *Apollo* ist etwas kompakter, schwach- und kleinwüchsiger als *Mahonia aquifolium*. *Undulata* wird bis zu 1,5 m hoch und ist starkwüchsiger als *Mahonia aquifolium*, dabei etwas weniger frosthart. Der Anbau der bis zu 2 m hohen Schmuckblatt-Mahonien (*Mahonia bealei*) ist wegen der deutlich geringeren Frosthärte nur im Weinbauklima empfehlenswert.

Maulbeeren

Die weiße Maulbeere gilt in Europa als absolut winterhart. Die schwarze Maulbeere ist hingegen nur für klimatisch bevorzugte Gegenden geeignet (z. B. Weinbaugebiete). *Morus alba 'pendula'*, eine mit hängenden Zweigen kleinwüchsigere Sorte der weißen Maulbeere, eignet sich auch für kleinere Gärten.

Preiselbeeren

Sussi ist eine Wildauslese aus Schweden mit großen, tief dunkelroten Beeren, die gleichzeitig reifen. *Erntesegen* ist eine Wildauslese aus Deutschland mit spätreifenden, großen Beeren. Sie zeichnet sich durch guten Ertrag und starken Wuchs mit großen Blättern aus. *Red Pearl* ist eine Wildauslese aus den Niederlanden mit buschigem Wuchs. Die Pflanzen werden bis zu 30 cm hoch und tragen sehr große Früchte.

Schneeball

Da der Gemeine Schneeball bisher als schwach giftig galt und die Beeren in Mitteleuropa nicht als Lebensmittel genutzt wurden, sind hier auch keinerlei Sorten ausgelesen worden. Sowohl *Viburnum opulus*, als auch *V. lantana* tragen Früchte. Alle anderen, auch die auf Duft gezüchteten, sind eingeführte Arten und wachsen bei uns nicht in freier Natur.

Stachelbeeren

Invicta kommt aus England und trägt früh (ab Mitte Juni) grüne Beeren. Sie ist mehltauresistent und bringt hohe, sichere Erträge. Durch ihre Robustheit wird sie gerne im Bio-Anbau verwendet. Sie weist einen starken Wuchs auf, ist stark bedornt und somit für Hecken gut geeignet. Die Beeren schmecken erst bei Vollreife richtig aromatisch. ***Pax,*** ebenfalls aus England, ist wenig bis gar nicht bedornt, trägt viele große, rote Früchte, reift im Juli und ist widerstandsfähig gegen Mehltau. ***Rolanda,*** eine deutsche, späte Sorte, trägt rote Früchte mit gutem Geschmack von mittlerem Ertrag. Sie ist widerstandsfähig gegen Mehltau. ***Rokula*** ist eine deutsche, frühe, rote Sorte und widerstandsfähig gegen Mehltau. Sie besitzt viele Dornen und bringt einen hohen Ertrag. Die Früchte platzen bei Regen schneller auf als die anderer Sorten. Erwähnenswert sind noch ***Remarka*** mit großen, weinroten Früchten sowie ***Redeva*** mit kleineren Früchte, aber sehr ertragreich.

Ein Park voller essbarer Wildpflanzen

Ewilpa
Stiftung EssbareWildpflanzenParks

Es begann mit einer Idee, angelehnt an die Allmende des Mittelalters, Plätze für Menschen zu schaffen, die sich mit Unterstützung von frischen Wildpflanzen gesund ernähren möchten, selbst wenn sie keinen eigenen Garten besitzen. Eine Art moderner und zeitgemäßer sozialer Ausgleich, bei dem auch im Hinblick auf die Biodiversität etwas Sinnvolles, Neues entsteht: Ein Platz in der Natur, an dem eine Vielzahl essbarer Wildpflanzen wie Wildkräuter, Wildgemüse, Beerennaschgärten sowie Stauden und Bäume in Ruhe und jenseits von agrarindustrieller Flächennutzung- und -optimierung gedeihen und wachsen können. Die Stiftung für essbare Wildpflanzen¬Parks, kurz Ewilpa®, wurde ins Leben gerufen!

Diese Oasen bieten wertvolle Lebensmittel, die den Namen auch verdienen und eine aktive Gesundheitsvorsorge darstellen. Dazu wird immer frisch geerntet, was die Region und Saison gerade bieten und das Ganze ohne Plastikverpackungen, Kühlketten und lange Transportwege. Darüber hinaus eignen sich die Orte als grünes Klassenzimmer, das hautnah das Erlebnis einer sinnvollen Umweltbildung ermöglicht. Generationenübergreifend kann man sich dort austauschen und treffen – auch, um sich einfach nur in unberührter Natur zu erholen. Eine ganz besondere Chance für Gemeinden, um sich die Vorteile eines sanften Tourismus zu eigen zu machen.

Zudem bieten Ewilpas® ideale ökologische Ausgleichsflächen, dienen der Heimatpflege und unserer Kulturlandschaft, indem in ihnen die kontrollierte Verwilderung von einheimischen Wildpflanzen vorangetrieben wird. Diese Biotope sind ein aktiver Lebensraum für Bienen, Nutzinsekten und Wildtiere aller Art.

2015 initiierte der Autor dieses Buches die Stiftung Ewilpa®. Inzwischen sind erste Parks entstanden, es sollen aber immer mehr werden. Ziel ist es, 4000 solcher Naturräume zu schaffen. Um dies verwirklichen zu können, bedarf es Flächen von ausreichender Größe in Siedlungsnähe, die eine gute Erreichbarkeit mit Radwegen und/oder öffentlichen Verkehrsmitteln haben. Ideal sind zudem eine Outdoor- oder Indoor-Küche sowie ein Seminarraum. Denn am allerschönsten ist das Natur- und Ernteerlebnis, wenn man hinterher gemeinsam zusammensitzt und die Geschenke des Parks in Form von frisch zubereiteten Speisen genießt.

Beispielhafter Aufbau eines Wildpflanzenparks

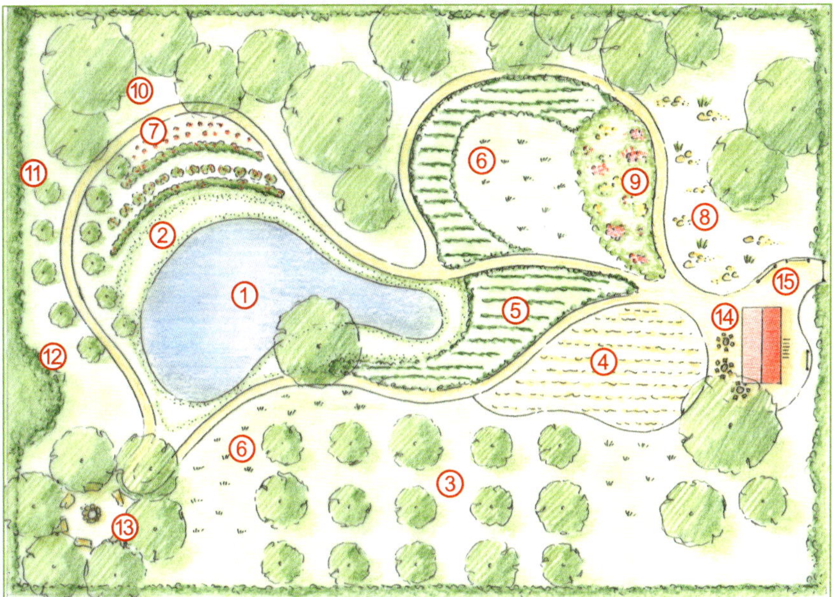

1 See
2 Feuchtwiese
3 Streuobstwiese
4 Acker-Brache für Wildgemüse
5 Wildgemüse-Stauden
6 Wildkräuterwiese
7 Beeren
8 Trockenbiotop
9 Küchen- und Heilkräuter
10 Baum-Hain
11 Wildfrucht-Hecken
12 Wildfrucht-Allee
13 Feuerstelle
14 Ökohaus
15 Eingangsbereich

Die Stiftung vernetzt und verbindet Grundstücksbesitzer, (Bio-)Landwirte, Permakultur-Betreibende, fachkundige Kräuter- oder Wildpflanzenpädagogen, Städte und Gemeinden, Naturschutzverbände, Vereine und schließlich Menschen wie dich und mich.
Mehr über bereits eröffnete Ewilpas, weitere geplante Projekte sowie interessante Vorträge gibt es auf **www.ewilpa.net.**

Literatur

Albl, G. und Aichinger, E.: **Wildpflanzen im Trend natürlicher Ernährung ...** Eigenverlag Erwin Aichinger, Moosburg 2004.

Bartha-Pichler, Frei, Kajtna, Zuber: **Osterfee und Amazone. Vergessene Beerensorten – neu entdeckt.** Löwenzahn Verlag, Innsbruck 2006.

Bäumler, S.: **Heilpflanzenpraxis Heute: Porträts, Rezepturen, Anwendung.** Urban & Fischer Verlag / Elsevier Verlag, München 2007.

Bundesamt für Naturschutz, BfN: **www.floraweb.de** (Mai 2021)

Bundesamt für Risikobewertung BfR: **Risikobewertung von Pflanzen und pflanzlichen Zubereitungen,** Goji (BfR Wissenschaft 12/2013).

Bundesinstitut für Arzneimittel und Medizinprodukte BfArM: **Bulletin zur Arzneimittelsicherheit.** Goji-Beere, Seite 13, März 2013.

Bühring, Ursel: **Lehrbuch Heilpflanzenkunde: Grundlagen, Anwendung, Therapie.** Haug Verlag, Stuttgart 2020.

Fleischhauer, S.: **Enzyklopädie der essbaren Wildpflanzen.** AT Verlag, Aarau und München 2003.

Fleischhauer, S.: **Essbare Wildpflanzen.** AT Verlag, Aarau und München 2007.

Frank, B. u. a.: **Antiviral activity of plant juices and green tea against SARS-CoV-2 and influenza virus in vitro.** https://www.biorxiv.org/content/10.1101/2020.10.30.360545v2

Gerhäuser, C.: **Flavonoide und andere pflanzliche Wirkstoffe.** In: Aktuelle Ernährungsmedizin 26/2001, Seite 137-143. Thieme Verlag, Stuttgart 2001.

Gerhäuser, C.: **Schach dem Krebs? Einfluss sekundärer Pflanzenstoffe auf die Karzinogenese.** In: Aktuelle Ernährungsmedizin 36/2011, Supplement 1, Seite 18-22. Thieme Verlag, Stuttgart 2011.

Hägelen, Klara: **Der gewöhnliche Schneeball in Russland.** Abschlussarbeit im Rahmen der Phytotherapie-Ausbildung an der Heilpflanzenschule. Verden an der Aller 2011.

Heywood, V.H.: **Blütenpflanzen der Welt.** Birkhäuser Verlag, Basel 1982.

Irmey, G.; GfBK: **Orthomolekulare Medizin. Vitamine und andere Vitalstoffe zur ergänzenden Krebsbehandlung.** www.biokrebs.de/images/stories/download/Therapie_Infos/Vitamine.pdf. Gesellschaft für Biologische Krebsabwehr GfBK, Heidelberg 2011.

Krause, K.: **Unsere wild wachsenden Küchenpflanzen – Eine Handreichung für die Kriegszeit.** Deutsche Lehrbuchhandlung, Berlin 1915.

Lieberei, R. und Reisdorff, C.: **Nutzpflanzen.** Thieme Verlag, Stuttgart 2012.

Louis, L.: **Wilde Waldküche.** Hädecke Verlag, Weil der Stadt 2014.

Rothmaler, W.: **Exkursionsflora von Deutschland. Gefäßpflanzen: Grundband.** Spektrum Akademischer Verlag, Heidelberg 2011.

Schmeil, O. und Fitschen, J.: **Die Flora Deutschlands und der angrenzenden Länder: Ein Buch zum Bestimmen aller wildwachsenden und häufig kultivierten Gefäßpflanzen.** Quelle und Meyer Verlag, Wiebelsheim 2011.

Sharamon, S., Baginski, B.: **Goji. Die ultimative Superfrucht mit einem unübertroffenen Nährstoffprofil.** Windpferd Verlag, Oberstdorf 2009.

Storl, W.-D.: **Wandernde Pflanzen: Neophyten, die stillen Eroberer – Ethnobotanik, Heilkunde und Anwendungen.** AT Verlag, Aarau und München 2012.

Strauß, M.: **Aronia. Die Zellschutzpflanze für Selbstversorger.** E-Book, Steiner-Verlag, Bad Sachsa 2013.

Strauß, M.: **Artgerecht – 13 Thesen für die Zukunft des Homo Sapiens.** Kosmos Verlag, Stuttgart 2018.

Strauß, M.: **Die 12 besten essbaren Pionierpflanzen.** Hädecke Verlag, Weil der Stadt 2022.

Strauß, M.: **Die 12 wichtigsten essbaren Wildpflanzen: bestimmen, sammeln und zubereiten.** Hädecke Verlag, Weil der Stadt 2020.

Strauß, M.: **Die Wald-Apotheke.** Droemer Knaur, München 2019.

Strauß, M.: **Die Wildpflanzen-Apotheke.** Droemer Knaur, München 2020.

Strauß, M.: **Ernteplaner Natur & Genuss.** Plakat mit 70 Arten. Hädecke Verlag, Weil der Stadt 2021.

Strauß, M.: **Immunbooster Natur.** Droemer Knaur, München 2021.

Strauß, M.: **Köstliches aus Feuchtgebieten – bestimmen, sammeln und zubereiten.** Hädecke Verlag, Weil der Stadt 2022.

Strauß, M.: **Köstliches von Waldbäumen: bestimmen, sammeln und zubereiten.** Hädecke Verlag, Weil der Stadt 2020.

Strauß, M.: **Köstliches von Hecken Sträuchern: bestimmen, sammeln, zubereiten** Hädecke Verlag, Weil der Stadt 2018.

Strauß, M.: Sanddorn. **Die Vitamin-C-Pflanze für Selbstversorger.** E-Book, Steiner-Verlag, Bad Sachsa 2013.

Strauß, M.: **Wilder Mix – Grüne Smoothies und Desserts mit Wildpflanzen.** Hädecke Verlag, Weil der Stadt 2015.

Zheng Feei Ma u. a.: **Goji Berries as a Potential Antioxidant Medicine.** Oxidative Medicine and Cellular Longevity, 2019 Jan.